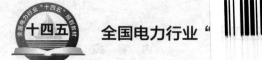

全国电力行业"十四五"规划教材

U0457376

电厂设备维修管理

主　编　欧阳建友

副主编　王方勇

参　编　王　钊　甘　勇　李星星

主　审　吴小华　王　飞

中国电力出版社

CHINA ELECTRIC POWER PRESS

内 容 提 要

本书是以职业能力培养为目标,以热能动力工程技术专业的职业岗位基本技能、专业技术应用能力养成为主线,从培养高素质技术技能型人才角度出发编写的任务驱动型教材。全书分为设备维修管理认知、设备点检定修管理认知、设备点检管理、设备定修管理 4 个项目,分为 12 个相对独立学习任务。每个学习任务主要由教学目标、任务工单、任务实现 3 部分组成。

本书可作为高职高专热能动力工程技术、发电运行技术等专业教材,也可供火力发电厂点检员、检修人员、运行人员的岗前培训及有关专业技术人员参考使用。

图书在版编目(CIP)数据

电厂设备维修管理/欧阳建友主编 . —北京:中国电力出版社,2023.3
ISBN 978-7-5198-7336-3

Ⅰ.①电… Ⅱ.①欧… Ⅲ.①发电厂-发电设备-维修-管理 Ⅳ.①TM621.3

中国国家版本馆 CIP 数据核字(2023)第 018251 号

出版发行:中国电力出版社
地　　址:北京市东城区北京站西街 19 号(邮政编码 100005)
网　　址:http://www.cepp.sgcc.com.cn
责任编辑:李　莉(010-63412538)
责任校对:黄　蓓　王海南
装帧设计:赵姗姗
责任印制:吴　迪

印　　刷:三河市航远印刷有限公司
版　　次:2023 年 3 月第一版
印　　次:2023 年 3 月北京第一次印刷
开　　本:787 毫米×1092 毫米　16 开本
印　　张:9.75
字　　数:239 千字
定　　价:32.00 元

前　　言

本书编写根据"以工作过程为导向，以能力为本位"的课程体系建设的要求，和热能动力工程技术专业的职业岗位能力的培养要求，以学生获得职业能力和职业生涯可持续发展能力为总体目标，以国家职业标准和岗位能力要求为依据，有机融入行业规程规范标准中的相关内容，将教学情景设计对接设备维护检修现场、教学项目对接设备点检员岗位的工作任务、教学过程对接设备维修和全过程管理的过程，紧密围绕设备点检员所需的知识、技能。全书共分为设备维修管理认知、设备点检定修管理认知、设备点检管理、设备定修管理4个项目，包括设备维护管理认知、设备点检定修管理认知、设备点检认知、规范化的设备点检体系认知、日常点检、专业点检、精密点检、设备定修认知、定修模型、定修计划、设备定修管理、检修工程管理12个相对独立学习任务。每个学习任务主要由任务目标、任务工单、任务实现3部分组成，内容编排最大限度地把职业教育课程结构与工作结构对应起来，以学生获得职业行动能力为目标。本书注意但不强求知识的体系与结构完整，知识点的采编仅体现在为完成学习工作任务所必需的知识信息准备以及在分析工作问题中的具体应用。

本书在编写过程中，参考了火力发电厂设备点检员国家职业标准、《燃煤火力发电企业设备检修导则》（DL/T 838—2017）和《火力发电企业设备点检定修管理导则》（DL/Z 870—2021）等电力行业标准。本书项目1、项目3的任务3～任务5由长沙电力职业技术学院欧阳建友编写，项目4的任务1和任务2由华润电力（涟源）有限公司王方勇编写，项目4的任务4和任务5由长沙电力职业技术学院王钊编写，项目2、项目4的任务3由华能湖南分公司安生部甘勇编写，项目3的任务1和任务2由长沙电力职业技术学院李星星编写。本书由长沙电力职业技术学院欧阳建友主编，并负责全书的统稿工作。

大唐华银株洲发电有限公司副总吴小华和大唐攸县能源有限公司副总王飞对本书进行了审阅，并提出了许多宝贵意见。同时，本书在编写过程中征求了许多从事火力发电厂点检、检修、运行工作的专家意见，得到了同行们的热情支持与大力帮助，在此一并表示衷心的感谢。

由于编者水平有限，书中难免存在不足之处，恳请专家和读者批评指正。

编　者

2022 年 12 月

目　录

项目一 设备维修管理认知

【项目描述】

主要培养学生认知设备管理的发展概况，熟悉设备现代化管理的内容，了解设备管理在企业管理中的地位和作用，熟悉设备维修管理思想和设备维修制度，熟悉发电设备的特点及发电设备管理要求。

【教学目标】

1. 能讲解设备管理的发展历程及各阶段的特点。
2. 能清楚设备现代化管理的内容。
3. 能说明设备管理在企业管理中的地位和作用。
4. 能理解设备维修管理思想。
5. 能理解设备维修制度。
6. 能清楚发电厂设备管理要求。

【任务工单】

学习任务		设备维修管理认知				
姓名		学号		班级		成绩

通过学习，能独立回答下列问题。
1. 设备管理的发展有哪几个阶段？各阶段的特点是什么？
2. 设备维修管理思想主要有哪些？
3. "以可靠性为中心"的维修（RCM）思想基本要点有哪些？
4. "全员生产维修"（TPM）思想基本要点有哪些？
5. 设备维修制度主要有哪些？
6. 发电设备管理要求有哪些？

【任务实现】

一、设备及设备管理的发展历史

自从工具进入了人类生产、生活发展的历史进程，工具在人们的日常生活中就占有重要的地位。对于早期的工具只需极其简单地存放与维护，如归位保管、去污除锈、磨砺等，随着生产力与生产组织方式的发展，中世纪时期手工业作坊大量出现，农耕社会步入了工业生产社会，使得工具获得大力发展，使用范围与本身形式发生改变，其维护工作也越来越重要。工具是设备的雏形，但真正具有现代意义的设备，是西方文艺复兴时期出现的，这一时期工商业城市崛起，在以经典力学体系为标志的第一次科学革命和以汽轮机发明为标志的第一次技术革命出现后，手工业作坊被机器大生产和工厂制度所取代。设备是生产资料中固定资产的重要组成部分，是企业生产中能供长期使用并在使用中基本保持其实物形态的物质资料的总称。它是企业固定资产的主要组成部分、企业进行活动的物质技术基础、企业生产效能的决定因素之一。

随后的几次科技革命，使得生产设备有了极其广阔的发展空间，并不断向如今的大型化和微型化两极发展，设备的综合性和自动化水平越来越高，这是设备作为生产、劳动载体发展的一面。同时在使用设备的过程中，人们对设备的维护、修理和管理意识日益增强，尤其是随着设备故障对安全和环境影响程度的深入认识，对维修和产品质量之间关联的深入认识，以及为获得较高的设施可用度并要控制生产成本所带来的压力不断增加，人们对设备的维修、管理模式和维修具体操作策略的要求也不断提升。另外，随着一些切实可行的新研究和新技术的出现，尤其是 20 世纪 60—70 年代以来对状态监测技术的不断研究和监测手段的日益更新，使得人们对设备状态深入把握的愿望越来越贴近现实，虽然有些深层技术的应用与人们的期望仍有差距，但人们表现出的信心难以抵挡。管理需求的提升和技术手段推陈出新使设备管理策略和理念在以往的几十年里成果不断。如计算技术的日渐成熟与广泛应用，使信息化在企业规范管理中不可或缺。遵循规范管理、优化策略、降本增效的原则，是企业生存的必选举措。

综观设备管理的发展史及设备管理的各学派观点，其发展过程大致可归结为以下几个阶段：

第一阶段是故障维修（breakdown maintenance ，BM 或 run till failure，RTF）阶段。在 18 世纪以蒸汽机发明为代表的第一次产业革命开始以后的工业化生产过程中，故障维修被长期采用。这一时期，设备整体结构简单，设计余量较大，性能要求较低，设备故障影响面积较小，造成的损失与停机状况能够被管理人员所接受，同时设备恢复工作也相对简单，现场使用者易于实施。但不可否认的是，由于设备故障的突然性，事前不知道故障发生的时间、部位，导致维修工作缺乏准备，在计划性差的前提下，必然会加长维修时间，影响交货。

特点：设备发生故障或发现性能缺陷时进行的非计划性维修，以机械设备出现功能性故障为出发点，"不坏不修，坏了才修"。

缺点：被动式，造成严重的设备损坏，既不安全又延长了维修时间。

第二阶段是预知维修（predictive maintenance，PM）阶段。19 世纪后期以电气的广泛应用为代表的第二次产业革命，到 20 世纪 40 年代以原子能、电子计算机等为代表的第三次产业革命之间及之后的较长一段时间内，广泛采用预防维修［包括计划预修和全员生产维修（total productive maintenance，TPM ）］。这一阶段，设备的机械化程度获得提升，设备的数量和种类扩大，生产对设备连续运行的依赖性增强，停机给生产带来的损失和设备自身修复所需的投入大大增加，因而人们开始关注设备的日常检查、保养和故障预防。这样做一方面可以延长设备的有效寿命，另一方面使维修工作具有计划性，缩短了修理间隙。在这一时期，以设备特性和重要性为依据的分类维修方法也开始出现。

特点：以时间为基础进行的预防性、计划性维修，依据设备的磨损规律，事先确定检修等级、间隔、项目、材料等；具有强制性，只要到了预先规定的时间，不管坏没坏都要修。

优点：维修时间可控，便于计划、组织管理，预防故障作用好。

缺点：受检查手段和人员经验的制约，仍可能使计划不准确，可能产生维修过剩或维修不足，不注意设备的基础保养。

第三阶段是状态检修（condition based maintenance，CBM）阶段。20世纪80年代信息技术快速发展，实现了生产的高度自动化、信息化后，状态检修被发达国家广泛采用。这一维修方式得益于设备状态监测技术和手段的出现与有效运用，从而使得捕捉设备功能故障前兆信息成为可能。这是一种设备投入使用后较为完善的维修方式，使得设备突发故障明显减少，维修可靠性大幅提高，设备的综合使用效率大大提升。

特点：以设备状态为基础的预防性维修，依据状态监测和诊断技术，评估设备状态，确定维修时间和内容。

优点：避免过维修和欠维修，充分利用设备寿命，工作量最小。

缺点：费用高，受诊断条件和监测技术的制约。

第四阶段是维修预防（maintenance prevention，MP）阶段。从设备的设计思想、制造技术与工艺出发，在使用前就防止故障和事故发生，20世纪后期维修预防的理论和应用获得广泛认可。维修预防的引入，使得设备的维修管理延伸到设备寿命的起点，设备寿命周期中后期的投入明显减少，设备的可用率大幅提升，为设备管理与使用者带来极大的便利与利润。

特点：与设计、制造部门结合，全过程管理，即对设备的一生进行管理。

二、设备管理的现代化

当代设备的技术突飞猛进，朝着大型化、集成化、连续化、高速化、精密化、自动化、流程化、计算机化、超小型化、技术密集化的方向不断提高，推动了社会生产力的不断发展，同时也对设备管理提出了新的要求。

近年来的企业发展表明，一方面，随着设备的技术进步，企业的设备操作人员不断减少，而维修人员保持不变或不断增加；另一方面，操作的技术含量逐渐下降，而维修的技术含量却年年上升。当代的维修人员遇到的多是机电一体化、融光电技术、气动技术、激光技术和计算机技术为一体的复杂设备。当代的设备维修已经成为传统意义上的维修工难以胜任的工作。

先进的设备与落后的维修能力的矛盾日益严重地困扰着企业，成为企业前进的障碍。一方面，要求企业增加设备的自诊断能力和可维修性，要求设备具有更高的可靠性，甚至引入无维修设计；另一方面，呼唤更良好的售后服务和社会化维修力量，减轻企业设备维修负担。然而，这些目标的实现需要一个发展过程，一些矛盾解决了，新的矛盾又可能出现。

所谓设备管理现代化，即在传统管理的基础上，将现代先进的管理理论、方法和现代科学技术的新成就，系统、综合地应用于设备管理，充分发挥现代设备的技术、经济和社会效益，使之适应生产现代化产品的需要，并取得最佳的设备投资效益。设备现代化管理是一个发展的、动态的、宏观的概念，在不同的发展时期有不同的目标和要求；但同时又是相对稳定的，它是当时世界公认的先进水平，为大多数国家所认同，但各国又都有其特色。它是运用现代先进科技和先进管理方法，对设备实行全过程管理的系统工程。

设备现代化管理的基本内容主要包括管理理论与管理思想现代化、管理组织与管理体制现代化、管理方法现代化、管理手段与管理工具现代化、管理人才现代化等。

1. 管理理论与思想现代化

管理理论与管理思想现代化是设备管理现代化的灵魂，是实现设备管理现代化的先导，即树立系统管理观念，建立对设备全生命周期的全系统、全过程、全员综合管理的思想；树立管理是生产力的思想；树立市场、经营、竞争、效益观念，树立信息观念；树立以人为本的观念，充分调动员工的积极性和创造性。

2. 管理目标现代化

追求设备寿命周期最经济、综合效率最高，努力使设备全生命周期各阶段的投入最低、产出最高。

3. 管理方针现代化

以安全为基础，坚持"安全第一"方针，消灭人身事故，使设备事故降低为零。努力做到安全性、可靠性、维修性与经济性相统一。

4. 管理组织与管理体制现代化

管理组织与管理体制现代化是设备管理现代化的核心，是实现设备管理现代化的保证。要以管理有效为原则，实现管理层次减少、管理职能下放、管理重心下移，实现组织结构扁平化。

5. 管理制度现代化

推动制造与使用的结合。实行设备使用全过程的全员管理与社会大系统维修管理相结合，推进设备全生命周期的全过程管理。

6. 管理标准现代化

实行企业管理标准化作业，建立完善的以技术标准为主体，包括管理标准和工作标准的企业标准化体系；建立健全安全保障体系；建立完善的质量管理和质量保证、监督体系；建立完善的环境保护体系。

7. 管理方法现代化

管理方法现代化是实现设备管理现代化的途径，运用系统工程、可靠性、维修工程、价值工程、目标管理、全员维修、网络技术、决策技术、ABC（activity based classification）管理法和技术经济分析等方法，把定性分析与定量计算相结合，实施综合管理。

8. 管理手段与管理工具现代化

管理手段与管理工具现代化是实现设备管理现代化的技术基础，通过采用电子计算机管理、设备状态监测、设备故障诊断技术，实施设备倾向性管理，进行设备动态管理，做到设备受控。

9. 管理人才现代化

管理人才现代化是实现设备管理现代化的关键，需要培养一批掌握现代化管理理论、方法、手段和技能，勇于探索、敢于创新的现代化人才队伍，这是实施现代化管理的根本所在。

10. 管理措施现代化

建立完善的信息和反馈系统，实施设备管理体系的全过程管理（PDCA），即计划（plan）、实施（do）、检查（check）、处理（act）循环，不断提高设备管理水平。

三、设备管理在企业管理中的地位和作用

根据设备管理现代化的概念，设备管理是一项系统工程，是对设备的全生命周期过程的综合管理。设备全生命周期的管理包括从设备的规划、方案论证、设计、制造、安装、调试（试运行）、使用、维修、改造、更新直至报废的全过程。因此，设备管理就是以设备的全生命周期为出发点，把系统的人力、物力、财力和信息等，通过计划、组织、协调、控制，实施对设备的高效管理，最终达到设备寿命周期费用最经济、综合效率最高的目的。设备综合效率计算公式如下：

$$设备综合效率 = \frac{设备全生命周期产出}{设备全生命周期投入} \times 100\%$$

设备的全生命周期管理基本上可分为前期管理和后期管理两大部分，我国传统的设备管理体制长期以来将其分割开来，设备的前期管理由规划设计部门和制造厂完成，设备的后期管理由使用单位实施。这种管理体制，制造与使用脱节，相互的约束少，反馈速度缓慢，制约了设备效能的发挥与提高。在社会主义市场经济不断发展的过程中，树立设备全生命周期管理的全局观念，加强设备全生命周期的全过程综合管理，努力消除制造与使用脱节的弊端，无疑是提高设备综合效率的关键因素之一。

设备是企业进行生产活动的物质技术基础，设备管理在企业管理中具有十分重要的地位。生产活动的目的是不断提高劳动生产率，提高经济效益，即以最少投入获得最大产出实现最高的设备综合效率。而随着科技发展，自动化程度日益提高，现代化企业生产主体已日渐由生产操作人员转为设备。作为影响企业的产量、质量、成本、安全、环保等方面的因素，设备的突出作用已显得尤为重要。因此，设备管理已成为企业管理的重要部分。管理也是生产力，没有科学的设备管理，再好的设备也不能发挥好的作用。经过科学的管理，逐步实现设备完善化，对设备实施精心维修，逐步进行技术改造，进行设备更新，使设备安全、稳定、经济运行，可以达到较高的综合效率。因此，加强科学的设备管理是确保设备正常运行的重要保证，是提高产品质量的重要保证，是提高经济效益的保证，也就是"管理出效率、管理出效益"的意义所在。

四、设备维修思想和维修制度

（一）维修思想

维修思想是指导维修实践的理论，又称维修理论、维修原理、维修观念、维修哲学等。维修思想是人们对维修的客观规律的正确反映，是对维修工作总体的认识，其正确与否直接影响维修工作的全局。维修思想的确立取决于当时的生产水平、维修对象、维修人员的素质、维修手段和条件等客观基础。

1. 以事后维修为主的维修思想

事后维修属于非计划性维修，它以机械设备出现功能性故障为出发点，发生了故障维修，维修工作往往处于被动地位，准备工作可能不充分，难以取得完善的维修效果。在第一次产业革命期间，企业都以此为指导思想。

2. 以预防为主的维修思想

这是一种以定期全面检修为主的维修思想。它以机件的磨损规律为基础，以磨损曲线中的第三阶段起点作为维修的时间界限，其实质是根据量变到质变的发展规律，把故障消灭在萌芽状态，防患于未然。通过对故障的预防，把维修工作做在故障发生之前，使机械设备经常处于良好的技术状态。定期维修为预防性维修的基本方式，拆卸分解为预防性维修的主要方法。

几十年来，我国机械设备维修的各种技术规定和制度，都是在这种维修思想指导下建立和发展起来的。虽然它起到过一定的积极作用，但是多年来的实践证明，这种维修思想有局限性。预防性维修思想对很多故障的认识不深，使维修工作存在很大的盲目性，日益显得保守。随着科学技术的不断发展和深化，需要寻求更合理、更科学、更经济、更符合客观实际的新的维修思想。

3. 以可靠性为中心的维修思想

以可靠性为中心的维修（reliability centered maintenance，RCM）思想是建立在以预防为主的维修思想实践基础上，但又改变了传统的维修思想观念。

该理论产生的主要原因是随着设备的复杂性增加，传统维修方式的维修费用越来越大，但是设备的可靠性、可用性并没有得到保证，由此引发了对维修思想的检讨和对故障规律和影响的分析。通过实际调查和理论分析，对维修问题有了以下更深刻的认识。

（1）很多故障不可能通过缩短维修周期或扩大修理范围解决。相反，会因频繁地拆装而出现更多的故障，增加维修工作量和费用，不合理的维修反而会使可靠性下降。并不是维修工作做得越多越好，应当不做那些不必要的无效维修工作。

（2）可靠性取决两个因素：一是设计制造水平；二是使用维修水平以及工作环境。前者是内在的、固有的因素，它决定了设备的固有可靠性；后者通过前一因素起作用，影响设备的使用可靠性。有效地进行维修只能保持和恢复固有可靠性，而不可能通过维修提高设备的固有可靠性水平。

（3）复杂的机械设备只有少数机件有耗损故障期，一般机件只有早期故障和偶然故障期，使得可靠性与时间无关；尤其是复杂机械设备的故障多数是随机性的，因而是不可避免的。预防性维修对随机故障是无效的，只有对耗损故障才是有效的。

（4）定期维修方式采取分解检查，它不能在机械设备运行过程中鉴定其内部零件可靠性下降的程度，不能客观地预测何时会出现故障。

以可靠性为中心的维修思想的形成是以视情维修方式的扩大使用、以逻辑分析决断方法的诞生为标志，以最低的费用达到机械设备固有可靠性水平。其基本要点包括：

（1）提高可靠性必须从机械设备研制开始。维修的责任是控制影响机械设备可靠性下降的各种因素，保持和恢复其固有可靠性。

（2）频繁的维修或维修不当会导致可靠性下降，要科学分析，有针对性地预防故障。

（3）根据实践中取得的大量数据进行可靠性的定量分析，并按故障后果等确定不同的维修方式，分析和了解使用、维修、管理水平，发现问题，有针对性地采取各项技术和管理措施。

（4）分析机械设备的可靠性，必须要有一个较完善的资料、数据收集与处理系统，尤其要重视故障数据的收集与统计工作。

综上所述，这种维修思想不仅可用来指导预防故障等技术范畴的工作，同时也可用于指导维修管理范畴的工作，把有关维修的各个环节连成一个维修系统。

4. 以利用率为中心的维修思想

以利用率为中心的维修（availability centered maintenance，ACM）思想是把设备利用率放到第一位来制订维修策略的维修思想。把设备按照故障对利用率的影响排序，以利用率为主要参考值，再根据不同的故障特征，选择故障维修、预防维修、状态维修、维修预防等不同维修策略的管理模式。

　　根据维修数据，即故障停机对利用率的影响，按照以利用率为中心的思想进行排序，优先考虑那些对利用率影响大的设备。

　　通过状态监测和故障分析，确定设备的故障模式，再以不同的故障模式选择不同的维修方式。选择维修方式的大致思路为：①易于预测、发生频繁、随机性较大的故障，倾向采用视情维修；②平均故障间隔较长、规律明显，以磨损、老化为主的故障，倾向采用定期维修；③定期维修的设备，可以根据生产、计划的忙闲、订单的要求，结合年、节、假日，灵活调整停机维修时间，即机会维修；④对于进入耗损期（即严重磨损、老化、变形）的设备，倾向采用改进维修方式；⑤对于不重要的，有冗余、备份设备，非主流程上的设备，倾向采用事后维修方式。

　　5. 以风险为中心的维修思想

　　以风险为中心的维修（risk-based monitoring，RBM）思想是基于风险分析和评价而制订维修策略的思想。风险维修是以设备或部件处理的风险为评判基础的维修策略管理模式。风险的计算方式如下：

$$风险＝后果×概率$$

后果是指对健康、安全与环境的危害，设备、材料的损失以及影响生产和服务损失。

风险分析要回答三个问题：

（1）什么地方可能出现问题？即故障的定位、描述及原因分析。

（2）有多大可能出现问题？即故障出现的概率。

（3）故障会造成什么后果？即故障造成的有形和无形影响、危害。

风险维修在制订维修策略时，要综合考虑下列成本：

（1）直接成本。包括日常维护成本，预测与预防维修成本以及纠正性即改善维修成本。

（2）间接成本。包括组织、管理、后勤支持成本。

（3）故障后果成本。包括健康、环境与安全成本，生产、服务的延误成本，设备、材料损坏成本以及信誉损失成本。

　　6. 全员生产维修思想

　　20 世纪 70 年代，日本在美国生产维修体制的基础上，吸收了英国设备综合工程学和中国鞍山钢铁集团有限公司群众参与管理的思想，提出了全员生产维修的概念。TPM 的基本思路在于通过改善人和设备的素质来改善企业的素质，从而最大限度地提高设备的综合效率，实现企业的最佳经济效益。

　　TPM 具有以下特点：

　　（1）全效率。追求设备的经济性，TPM 的目标是使设备处于良好的技术状态，能够最有效地开动，消除因突发故障引起的停机损失，或者因设备运行速度降低、精度下降而产生的废品，从而获得最高的设备输出，同时使设备支出的寿命周期费用最节省。也就是说，要把设备当作经济运营的单元实体进行管理，用较少的费用（输入）获得较大的效果（产出），达到费用与效果比值的优化。

　　（2）全系统。指生产维修系统的各个方法都要包括在内，包括设备设计制造阶段的维修预防，设备投入使用后的预防维修、改善维修，即对设备的一生进行全过程管理。

　　（3）全员参加。设备管理不仅涉及设备管理和维修部门，也涉及计划、使用等所有部门。设备管理不仅与维修人员有关，从企业领导到一线职工全体都要参加，尤其是操作者的自主维修更为重要。

TPM 的主要做法如下：

（1）自主维修（PM 小组活动）。TPM 从上到下向全体人员灌输"自己的设备由自己管"的思想，使每个操作人员掌握能够自主维修的技能，并且采取了开展 PM 小组活动这种组织形式。

PM 小组活动的主要内容有：①根据上级的 PM 方针，制订小组的工作目标；②开展 5S（指整理、整顿、清洁、清扫和素养）活动；③填写点检记录，根据所得数据分析设备的实际技术状况；④为提高设备生产效率，减少六大损失，分析故障原因，研究改进对策；⑤组织教育培训，提高成员技能；⑥检查小组目标完成情况，进行成果评价。

（2）5S 活动。开展 5S 活动是 TPM 自主维修中的一项重要内容。

（3）点检。开展点检是 TPM 自主维修中的另一项重要内容。点检是指按照一定的标准，对设备的规定部位进行检测，使设备的异常状态和劣化能够早期发现。设备点检一般分为日常点检和定期点检等。日常点检的检查周期多为每天、每周，一般都在一个月以内，主要由操作人员负责，以人体五官感觉为主，实施点检的主要依据是点检卡片。定期点检的检查周期一般在一周或一个月以上，主要由专业或维修人员负责，依靠人体五官和专门仪器检查，定期点检卡一般由设备技术人员编制。

（4）局部改善。设备故障的类型很多，既有规律性故障，也有无规律的突发故障。因此，单靠实行预防修理还不能完全消灭故障，故 TPM 十分重视对设备进行局部改善。局部改善是指对现有设备局部地改进设计和改造零部件，以改善设备的技术状态，更好地满足生产需要。

（二）设备维修制度

设备维修工作不仅是技术性工作，也是一项管理性工作。维修制度是在一定的维修理论指导下制定的一套规定，它包括维修计划、类别、方式、时机、范围、等级、组织和考核指标体系等。

实施合理的维修制度有利于安排人力、物力和财力，及早做好修前准备，适当地进行维修工作，满足工艺需要，提高机械设备技术状态、可靠性和延长使用寿命，缩短维修停歇时间，减少维修费用和停机损失。

通过贯彻国务院颁布的《全民所有制工业交通企业设备管理条例》和引进国外先进经验，我国的维修制度也在不断地演变和发展，主要有以下几种。

1. 计划预防维修制

它是在掌握机械设备磨损和损坏规律的基础上，根据机件的磨损速度和使用期限，贯彻防重于治、防患于未然的原则，组织保养和修理，以避免机件过早磨损，对磨损给予补偿，防止或减少故障，延长使用寿命，节省维修时间，从而有效提高设备有效度和经济效益。

计划预防维修制的具体实施可概括为"定期检查、按时保养、计划修理"，它适合于维修的宏观管理。计划预防维修制的实行需要具备以下条件：①通过统计、测定、试验研究，确定总成、主要零部件的修理周期，合理地划分修理类别；②制定一套相应的维修技术定额标准；③具备按职能分工，合理布局的修理基地。

计划预防维修制的主要缺点是从技术角度出发，经济性较差，修理周期和范围固定，会造成部分机件进行不必要的维修，即过剩维修或修理不足。

2. 以状态监测为基础的维修制

以状态监测为基础的维修制是以可靠性理论、状态监测、故障诊断为基础，根据机械设备的实际技术状态检测结果而确定修理时机和范围。鉴于一些复杂的机械设备一般只有早期和偶然故障，而无耗损期，因此定期维修对许多故障是无效的。现代机械设备只有少数项目的故障对安全有危害，因而应按各部分机件的功能、功能故障、故障原因和后果来确定需要做的维修工作。

这种维修制的特点是修理周期、程序和范围都不固定，而是根据实际情况灵活决定。它把维修工作的重心由修理和保养转移到检查上，它的基础是推行点检制。点检工作不仅为修理时机和范围提供了信息依据，而且分散地完成了一部分修理工作内容。对机械设备进行日常点检、定期点检和精密点检，然后将状态检测与故障诊断提供的信息进行分析处理，判断劣化程度，并在故障发生前有针对性地进行维修，既保证了机械设备经常处于完好状态，也充分利用了机件的使用寿命，比计划预防维修制更为合理。

实行以状态监测为基础的维修应具备的条件有：①要有充分的可靠性试验数据、资料和作为判别机件状态的依据；②要求设计制造和维修部门密切配合，制订机械设备的维修大纲；③具备必要的检测手段和标准。

3. 针对性维修制

这种维修制是按综合管理原则和以可靠性为中心的维修思想，从实际出发，根据机械设备的型式、性能和使用条件等特点，在推行点检制基础上，有针对性地采用不同维修方式，即视情维修、定期维修和事后维修等，并充分利用决策技术、计算机技术和状态监测、故障诊断技术等，使维修工作科学化，实现设备寿命周期费用最经济、综合效益最高的目标。

针对性维修制的特点如下：

（1）它吸收并改进了分类管理办法，强化了重点机械设备、重点部位的维修管理，并按其特点和状态，有针对性地采取不同的维修方式，充分发挥其不同的适用性和有效性，以获得最佳的维修效果。

（2）在各种维修方式中，把状态监测、视情维修作为主要推广方式，实施点检，体现以设备可靠性为中心的思想，把维修工作重点放在日常保养上，尽量做到有针对性。

（3）重视信息作用，应用计算机技术实行动态管理，并进行适时决策，保证维修工作真正地做到有针对性。

针对性维修制的内容包括：①推行点检制，对机械设备进行分类，有针对性地采用多种维修方式；②改进计划预防维修，对实行视情维修方式的机械设备采用维修类型决策，有针对性地进行项目维修或大修；③建立一套维修和检测标准，确定工时定额；④进行计算机辅助动态管理，开发应用维修决策的支持系统。

4. 操作维护制度

这是对人员行为的一种规范化要求，是机械设备管理中的一项重要工程，主要有五项纪律和四项要求。

五项纪律：①实行定人定机的操作制；②保持机械设备的整洁，搞好润滑维护；③遵守安全操作规程及交接班制度；④管好工具及附件；⑤发现故障立即停机检查。

四项要求：①整齐；②清洁；③润滑；④安全。

机械设备的维护是提高利用率、实现其功能的重要手段，它分为日常维护和定期维护两种形式。

（1）日常维护主要由机械设备的操作者进行，班前检验，班后清扫，保证机械设备处于良好的技术状态。

（2）定期维护又称一级保养，由操作人员完成，维修人员辅助。它近似于小修，维护周期视不同的机械设备而异，一般为1～2个月，或实际开动台时达500h左右。其内容包括：保养部位和重点部位的拆卸检查；油路和润滑系统的清洗与疏通；调整各检查部位的间隙；紧固各部件和零件；电气部件的保养维修等。

（三）企业资产管理系统

1. EAM系统的介绍

企业资产管理（enterprise asset managemen，EAM）系统是面向资产密集型企业的信息化解决方案的总称，是围绕资产从设计采购、安装调试、运行管理到转让报废的全生命周期，运用现代信息技术提高资产的运行可靠性与使用价值，降低维修成本，提升企业核心竞争力的辅助管理系统。

2. EAM系统的构成、特点及其适用性

（1）预防性维护、检修和运行是EAM领域的三个主要组成部分。它以资产设备台账为基础，以工单的提交、审批、执行为主线，按照故障处理、计划检修、预防性维护等管理模式，从被动性维护进入预防性维护，跟踪、管理资产的全寿命过程。

（2）EAM系统以如下特点来体现以预防性维护为主、强化成本核算的管理思想：第一，EAM是个集成系统，设备、维修、库存、采购、分析等模块之间是密切相关、环环相扣的；第二，EAM是个闭环系统，系统分为维修计划的制订、维修计划的执行、维修历史数据的收集三个层次，通过分析，把结果反馈给维修计划，如此一次次地循环，使得维修计划越来越准确可行，从而减少临时故障修理；第三，EAM是管理信息系统，可利用它提供的信息来做出正确的决策或作为优化的依据；第四，EAM相对其他系统（如ERP系统）来说，投入小、流程精简，并能在较短时期内使得设备管理不再成为企业发展的瓶颈。

正是由于上述的特点，EAM系统相当适用于那些设备品种多、技术先进、对设备完好率及连续运转可利用率要求较高的企业，例如电力行业。

3. EAM系统的主要功效

EAM系统的主要功效，是以提高维修效率、降低总体维护成本为目标，将资产管理、设备维护、采购管理、库存管理等集成在一个数据充分共享的管理信息系统中，按企业标准化管理的要求，将各项工作落实到由计算机系统自动提示与生成的状态，使体系中的每一个控制点和每一个工作步骤都有据可查，强化管理的过程控制，逐步走向制度化、程序化、自动化和无纸化，实现"精细管理"。

4. EAM系统的具体作用

（1）能规范基础信息，为深层次的管理提供保证。通过规范设备基础信息和工作流程，保证设备管理工作的标准化、制度化和程序化，保证信息的准确性和工作的高效性。通过EAM系统实现对设备资产运行的有效管理和监督，延长设备的经济使用寿命。

（2）能综合先进的管理思想，提高设备技术管理水平。EAM系统能实现对设备运行、技术状态、检修保养、日常维修、技术改造等的全过程控制，并结合行之有效的现代化管理方法，通过任务提示机制，有计划、有针对性地开展设备预防性检修工作，并实现备品备件管理、人力资源安排、资金计划、供应商（承包商）及项目实施等工作的动态管理。

（3）能实现对设备状况的实时监控。通过采集、存储设备的所有工作数据，与设备的技术性能数据进行比对，对设备的工作状况进行实时监控；同时，对物资库存资金、库存物资周转等指标进行实时监控。

（4）能综合分析信息，提高设备管理的整体水平。通过监控设备技术状况、维修历史记录等技术经济信息，进行数据分析并日积月累，动态建立设备技术管理的标准体系，升华成企业的知识管理体系，为设备维修成本控制、投入产出效益评价和实施全面的经济管理提供强有力的支持。

五、发电厂设备管理

（一）发电设备的特点

电力生产的特点是产、供、销同时完成，发电设备的安全、可靠运行是发电厂的主要任务，保人身、保电网、保设备是工作的重点。

发电设备管理的目标是使设备受控，设备管理人员应十分清楚自己的职责和目标，就是把所管辖的设备控制起来，不能满足于有了缺陷就消除，而是要树立缺陷、故障为零的目标，完全掌握设备的可靠程度，做到对设备运行、设备状态、设备健康水平了如指掌。只有做到设备长期无故障运行，才能达到经济效益最大化。

（二）发电设备管理要求

（1）发电设备的安全、可靠运行是发电厂的主要任务。发电厂的设备管理必须保证其设备在计划发电期限内做到安全、稳定、可靠、不间断地连续发电。电厂的全体员工都要围绕这一主要任务而奋斗。同时，包括人力资源、流动资金在内的全部资源都要向设备管理倾斜。

（2）发电设备管理的目标是使设备受控。长期无故障运行是发电厂的最大效益，单机容量越来越大，开停机一次的费用均在数十万元甚至上百万元，要使运行周期内的设备总产出和设备总投入的比值最大化，首先必须努力减少非计划停运直至达到非计划停运为零的目标。

（3）设备受控必须建立全员参与的科学有序的设备管理体系。大型发电机组特别是燃煤火力发电机组，其生产系统十分庞大，生产环节众多，需要各专业（汽机、电气、锅炉、燃料、化学等）的协调配合，需要管理方、运行方、维修方（检修方）的共同努力。为了达到设备受控的目标，必须建立一套科学有序的设备管理体系，它至少要包括以下几点。

1）目标管理体系——计划值制。把设备受控的目标，分解到包括运行、维护、检修管理在内的各个环节，然后采用循序渐进、不断提升目标管理值（又称计划值）的方法，逐步逼近既定目标值。这个目标值既包括设备的可靠性、安全性目标，也包括有关维修费用和其他经济性指标。

2）采用与优化检修相适应的科学的设备管理方法，即点检定修制管理。点检定修管理明确了全员参与管理和设备的全过程管理，它在强调加强设备管理方的职责和管理力度的同时，对运行方和检修方明确了其在设备管理体系中应尽的职责。

点检定修管理有一套使设备受控的管理方法，采用这些管理方法，有助于减少"过维修"和"欠维修"，逐步使设备受控。

3）建立以设备主管为核心的各级设备管理人员的岗位责任制。设备主管是指各发电企业中各个专业的带头人。这个责任制的建立有利于明确对设备的管理职责，使每一台（件）

设备都有明确的设备管理责任人，即明确设备的责任主体。

4）建立设备的标准化管理体系，这个体系应包括：设备的技术标准、设备的作业标准（即设备的作业指导书或工艺标准）、设备的点检标准、设备的维护保养标准和与上述四项标准相适应的工作标准和管理标准。

以上标准是设备管理的"法"，认真地、不折不扣地执行上述标准将使企业的设备管理逐步规范化、科学化。按点检定修制的要求，这些标准是设备管理的科学支持体系，它需要在执行过程中运用 PDCA 工作方法逐步完善。认真执行上述标准有助于提高设备检修质量、加强和改善维护效果、早期消除设备隐患，达到设备长期稳定运行的目标。

5）培育一支高素质、具有强烈团队精神的员工队伍，引导并开展以人为本的创造性自主管理活动。自主管理活动的中心内容，是对自己所管辖范围的设备和相应管理标准开展动态管理，应把完善各类标准和设备受控作为自主管理的目标。

（三）发电设备的维修管理

1949 年以来，我国电力工业不断发展，特别是改革开放以来，引进了国外先进发电设备和先进管理经验，已经建成了一批大容量、高参数、高自动化的发电企业，综合效率也在不断提高，新建或引进国外设备的电厂，已实施或正在实施预防维修体系。从 20 世纪 90 年代起逐步推广宝山钢铁股份有限公司的全员设备维修管理（点检定修制）以来，国内大部分发电企业组织实施或正在实施，向状态检修迈进了一大步。

1. 预防维修

（1）计划预维修。我国电力企业的维修体制，长期以来执行这种传统方式，有的企业沿用至今。在这种维修体制下，发电企业保持了庞大的维修队伍，大分场、小分场全套配备，加上企业办社会，一个电厂容量不大，但职工动辄上千人、几千人，劳动生产率低下。采用这种维修方法已充分暴露了存在大量过维修现象，维修费用高，综合效率低。当然，也会发生"欠维修"。

（2）全员设备维修。全员设备维修是以点检为基础的维修，它制定了严格的点检流程，据点检发现的设备问题，及时编制和修订检修计划，适时对设备进行维修。这种维修方式有效地防止了设备"过维修"和"欠维修"。经过国内部分发电厂的推行和实践，认为这种维修方式是与状态检修相适应的，比较适合我国国情。

推行这种维修方式的要求是：设备制造质量较高，自动化水平较高，单机和系统联动，发电企业的汽机、电气、锅炉、热控等多专业综合，实行企业内部系统专业性管理。

我国的发电企业（特别是新建电厂）基本上都具备了以上条件，并正积极实施这种维修方式。

2. 状态检修

状态检修是指按设备的状态进行检修的检修方式，它是在把设备的状态搞清楚以后，再决定如何检修。这种检修方式广泛应用于不影响发电主设备停用的重要辅机（含有备用容量的辅机），在决定连续发电生产系统中设备的检修项目和检修周期中也得到广泛应用。

3. 故障检修

由于制造业水平的提升，设备无故障运行的时间大大提高，同时又由于设备管理者的优化检修策略，使故障检修得到了广泛的应用。

　　分析表明，有相当一部分设备在发生故障后，对连续生产系统不构成威胁，采用设备坏了再检修的方式，即故障检修的方式，可以节约大量的人力、物力和财力。我国行业标准明确了发电生产系统中的 C 类设备宜采用故障检修的策略，这是由于这些设备的故障发生率并不是很高，而且即使有了故障也会很快排除而不影响发电的主营业务，这种做法可大大减轻维护工人的劳动强度，并节省一笔可观的维护费用。

项目二　设备点检定修管理认知

🔲👤【项目描述】

主要培养学生认知点检定修的由来和发展，掌握点检定修管理的基础知识，掌握点检定修管理的核心理念，熟悉点检定修管理的内涵，熟悉《火力发电企业设备点检定修管理导则》(DL/Z 870—2021) 内容，了解点检定修在国内发电企业的应用情况。

📖【教学目标】

1. 能陈述点检定修的由来。
2. 能讲解设备点检、设备定修、点检定修制的概念。
3. 能清楚点检定修管理的工作内容。
4. 能说明点检定修管理的核心理念。
5. 能理解点检定修管理的内涵。
6. 能熟悉《火力发电企业设备点检定修管理导则》(DL/Z 870—2021) 内容。

📚【任务工单】

学习任务		设备点检定修管理认知				
姓名		学号		班级		成绩	

通过学习，能独立回答下列问题。
1. 什么是设备点检？什么是设备定修？什么是点检定修制？
2. 点检定修管理的工作主要包括哪些？
3. 点检定修管理的核心理念主要有哪些？
4. 点检定修管理的内涵主要有哪些？
5. 设备维护保养标准主要包括哪些？
6. 设备"四保持"工作主要包括哪些？

💻【任务实现】

一、点检定修的由来和发展

20 世纪 50 年代初，美国提出预防检修模式，即借助人类预防医学的观点，对设备的异常部位和设备易损零部件，实施"早期发现、早期治疗"的措施，力争提前解决问题，预防突发故障发生。这种检修方式对高性能、大容量、造价高的设备起到了重要的维护作用。在此期间，战败后的日本为了实施战后重建，制定了国民收入倍增计划，并要求企业学习美国的生产管理模式。1950 年，丰田汽车公司考察了美国底特律福特公司轿车厂的企业管理方式，引进其中的预防检修，于是日本开始了初期的预防检修模式，得到了很好的效果。当时，日本企业的设备性能、工艺和特性与美国企业的设备不同，预防检修模式给日本企业带来效益的同时也增加了许多检修工作量，造成了大量的设备过维修和欠维修，即当时的预防检修模式对日本的设备来说还不是十分经济的检修管理模式，仍然阻碍着日本产业经济的发展。

1954 年，美国通用电气公司把预防检修方式又向前推进一步，做到了有目的、有针对性的预防检修，也就是初期的生产维修制。生产维修制的出发点就是检修的经济性和策略性相结合，按照设备在生产过程中所处的地位、作用和贡献价值大小的不同，而分别采取不同的检修手段，以使设备能够得到对应性检修的一种检修保养方法。此时，日本又从美国引进了生产维修制，逐渐实现了企业生产设备维修的主动性，基本上改变了日本企业发展的被动局面。

20 世纪 60 年代，日本各行各业快速发展，企业设备都向大型化和自动化的方向发展。全行业对设备的使用、检修都提出了更高的要求，要求企业加强对设备的管理，并向现代化企业迈进。现代化的企业必须依靠设备进行生产，而现代化的设备不仅需要巨大的投资，而且一旦停产会造成巨大的损失，加之资源的不足和市场竞争的需要，都对设备管理提出了要求，要求提高设备的综合效率，要求企业全员都来参加设备维修。在这种形势下，日本采用"走出去、引进来和消化掉"的方式，不断学习、引进其他国家的经验和做法，包括美国的生产维修体制（系统性、全效率），英国的设备综合工程学的理论和特点（全寿命、一生管理，即经济性，通过全寿命、一生管理使设备一生效能得到最大限度发挥），以及中国"鞍钢宪法"的"两参一改三结合"（两参：干部参加劳动、工人参加管理；一改：改革不合理的规章制度；三结合：领导、技术人员和生产现场工作人员三方面全员结合）的经验。在此经验基础上，日本设备工程学会于 1971 年提倡在全日本推行全员生产维修制度，这就是设备运行阶段以点检为核心的设备检修管理体制。1969 年，日本电装公司最早开展了此项相关活动，实践证明，它是一种科学的设备管理制度和方法。

经过多年来的实践和不断完善，日本企业生产设备采用点检管理是成功的，它是企业实行全员生产维修的基础，给日本工业企业找到了一条实行现代设备管理的道路，确保了设备的可靠性和经济性，提高了企业的经济效益，推动了日本工业的飞速发展。

20 世纪 80 年代，邓小平要求中国国家特大型企业试点引进国外先进设备和管理模式，1985 年宝钢集团有限公司全面引进全套的日本先进设备，在引进设备的同时，用 8000 万美元巨资引进了日本的全套管理系统，在管理系统中包含了 TPM 管理系统，这是我国最早引进 TPM 管理模式的企业。在宝钢集团有限公司引入 TPM 的同时，其自备电厂也一并引入了 TPM，称为点检定修。点检定修在我国电力行业推广应用是在 20 世纪 90 年代中期，华东地区的电厂如北仑发电厂、嘉兴发电厂、利港发电厂，通过考察宝钢集团有限公司自备电厂点检定修的做法，根据自身的实际情况逐步引入点检定修管理体制。通过十多年来的实践，点检定修管理方法使设备健康水平提高，设备故障率下降，检修间隔延长，设备整体可靠性提高的功效逐步显现，得到众多发电企业和各发电集团公司的认可与重视。

点检定修大规模地推广应用是在 2002 年 12 月，国家电力体制改革，成立五大发电集团公司后，各发电集团公司在不同时期分别推广点检定修。国家发展和改革委员会于 2004 年 6 月 1 日发布了《火力发电企业设备点检定修管理导则》（DL/Z 870—2004），为规范发电企业点检定修的开展起到了指导性的作用。

二、点检定修管理的现代化理念和内涵

（一）点检定修管理的基础知识

1. 设备点检

设备点检是我国点检定修的基础和核心内容，它是一种科学的设备管理方法，借助于人的感官和检测工具，按照预先制定的技术标准，定人、定点、定期地对设备进行检查的设备管理方法，它通过对设备的全面检查和分析来达到对设备进行量化评价的目的。设备点检综合利用运行岗位的日常巡检、专业点检员的专业点检、专业点检员或专业技术人员的精密点检、技术诊断和劣化倾向管理、综合性能测试等五个方面的手段，形成保证设备健康运转的五层防护体系，充分体现了设备全员管理的原则，同时将具有现代化管理知识和技能的人、现代化的仪器装备和现代化的管理方式三者有机地结合在一起。

2. 设备定修

设备定修是在推行设备点检管理的基础上，根据预防检修的原则和设备点检结果确定检修内容、检修周期和工期，并严格按计划实施设备检修的一种检修管理方式。其目的是合理地延长设备检修周期，缩短检修工期，降低检修成本，提高检修质量，并使日常检修和定期检修负荷达到最均衡状态。在确保检修间隔内的设备能稳定、可靠运行的基础上，做到使连续生产系统的设备停修时间最短，物流、能源和劳动力消耗最少，是使设备的可靠性和经济性得到最佳配合的一种检修方式。简单地说，定修是指必须在主作业线设备停产条件下或对主作业线生产有重大影响的计划检修。

在定修中不能处理的问题，或定修时间不够的项目，根据其周期，集中几天进行定期系统性检修，以彻底处理缺陷、隐患，并做较大规模的检查试验、精度检验及精密点检等项目，这种计划检修称为年修。对于不影响主作业线生产，随时可以停机进行的计划检修，称为日修。

3. 点检定修制

点检定修制是以点检人员为责任主体的全员设备检修管理体制，可以使设备在可靠性、维护性、经济性上达到协调优化管理。在点检定修制中，点检人员既负责设备点检，又负责备全过程管理。点检、运行、检修三方面之中，点检处于核心地位。

点检和定修是一个管理制度的两个侧面。点检发现的问题将随时根据经济性、可能性，通过日修、定修、年修计划加以处理，减少了设备大、中、小修的盲目性，把问题解决在最佳时期的动态修理中。点检分析、评估、总结的资源，将为检修策划提供优化依据，调整大、小修实施项目，调整修理时机，优化设备大、中、小修等几种检修等级的组合方式，以达到优化检修模型，平衡工作量与有效获取检修资源的目的。

点检检定修制是全员、全过程对设备进行动态管理的一种设备管理方法，它是与状态检修、优化检修相适应的一种设备管理方法。应用这种方法，可有效地防止设备的过维修和欠维修，提高设备的可靠性，降低维修费用，因此被广泛地应用在许多工业生产领域，尤其适合于连续不间断的生产系统。

4. 点检定修管理

点检定修管理的工作包括：点检管理、定修管理、标准化管理、安全的全过程管理、设备的维护保养管理、设备的备品和费用管理、设备的 PDCA 管理。

（1）点检管理包括：点检标准的编制、点检计划的编制和实施（含定期点检、精密点检和技术监督）、点检实绩的记录和分析、点检工作台账。

（2）定修管理包括：定修计划的编制和执行、定修的实绩记录和分析、定修项目的质量

监控管理。

（3）标准化管理包括：检修技术标准、点检标准、检修作业标准、设备维护保养标准以及和上述标准相配套的管理标准的制定和贯彻执行。

（4）安全的全过程管理工作包括：危险源辨识及其风险评估、相应管理措施的制定和执行、各项安全规程和规范的贯彻落实、重要安全措施的"三方确认"，以及事故发生以后的分析、总结和预防措施。

（5）设备维护保养管理的工作包括：设备的缺陷管理、设备的润滑（给油脂）管理、设备的定期试验和维护、设备的"四保持"（保持设备的外观整治、保持设备的结构完整性、保持设备的性能和精度、保持设备的自动化程度）。

（6）设备的备品和费用管理包括：检修费用的管理和控制、工程合同和预决算管理、物资和备品配件管理。

（7）设备的 PDCA 管理包括：定修项目的全过程管理、设备的劣化倾向管理。

（二）点检定修管理的核心理念

点检定修管理是包含了"三全一体"核心体系管理理念和"五层防护"核心点检管理理念，同时结合中国国情的一种适合当前需要的设备维修管理模式，其管理核心理念如下：

"一个核心"就是建立以设备点检员为核心的全员设备检修管理体制。

"两项结合"就是实现设备技术管理和设备经济管理相结合。

"三位一体"就是点检定修管理的组织结构形成运行、检修、点检三方共同对设备负责的运、修、管一体化设备管理理念。

"三全一体"包含了 TPM 管理、全寿命周期成本（life cycle cost，LCC）管理、全面质量（total quality management，TQM）管理核心体系管理理念。

"五层防护"包含日常点检、专业点检、精密点检三层点检管理、劣化倾向性管理、效果评价管理、核心点检管理理念。

点检定修管理深度融合了"三全一体"和"五层防护"的管理精髓，目的在于全员参与，职责明确，有机协同；低成本运营，提升经营成效；全过程管控，主动高效；平衡作业，适时而为，优化检修。通过管理组织结构的调整，高素质人员的培养，实现现代化设备所需的技术和经济管理内容，促进企业管理和生产进步。

（三）点检定修管理的内涵

点检定修制是一套科学有序、职责明确的设备管理体系，它具有兼容性、开放性、持续改进的特点，受到世界上多数国家的设备管理专家的重视。

1. 责任化

点检定修管理充分落实了设备管理责任制。点检定修管理的精髓就是形成了以点检员为核心的设备管理体制，点检员与设备——对应。点检管理理论充分说明点检员是设备管理的第一责任人。

2. 全员化

点检定修管理是一种全员参与的设备管理体制。设备点检定修管理充分合理地运用了运行人员、专业点检员、专业技术人员、检修人员等"全员"的力量。由制度、标准或合同实现点检方、运行方和检修维护方三方间的工作关系。

3. 专业化

点检定修管理适应并体现了专业化管理格局。点检定修管理体制形成了"管就管好，修必修精"的专业化发展格局。实行点检定修制后能促进各项工作的专业化与精细化管理，专业化的发展可激发各个岗位员工的积极性、主动性和能动性。

4. 规范化

点检定修管理是一套规范和科学的现场管理操作体系。点检定修制通过"6S"❶管理、"八定"❷原则、"A、B 角制"❸管理、"四保持""三方确认"❹、W/H 点的设置和验收等，使得现场管理操作规范化。

5. 标准化

点检管理是一套丰富、完整和科学的设备管理体系。通过设备技术标准、点检标准、检修作业标准、设备维护保养标准等标准的制定，使得现场的管理操作标准化。

6. 定量化

点检定修管理形成定量管理的思想和机制。点检员要清楚所管辖设备的设备管理值和设备状态量，掌握定量管理与趋势分析的方法与手段。

7. 信息化

点检定修管理使信息化技术发挥高效。通过点检定修软硬件信息化的建设，使其为点检定修的实施提供高效平台。

8. 动态化

点检定修管理形成了 PDCA 循环动态的闭环管理模式。它通过点检作业管理"动态管理"，检修标准内容"动态管理"，设备管理目标或设备管理值"动态管理"等，形成基于 PDCA 思想的动态闭环管理模式。

9. 扁平化

点检定修管理形成精简、高效和扁平的设备管理体制。它通过以点检定修管理为核心的三位一体管理体制理解扁平化和重心下移，形成以专业主管为核心的"五制配套"管理模式（"五制配套"是指：以计划值为目标；以点检定修管理为重点；落实各级设备管理人员的岗位职责；建立并推行标准化工作方法；开展以人为本的、富有创造性的、运用 PDCA 工作方法的自主管理活动）。

10. 项目化

项目管理充分应用到点检定修管理体制当中。通过对"设备管理部的点检员是项目经理"理念的认识，在检修部门推行检修项目经理负责制，形成点检定修中的项目管理制。

11. 经济化

点检定修管理下的点检员拥有了经济管理思想意识。通过培训点检员的成本管理理念，深刻掌握设备经济性分析技术等技能，使得点检定修制的真正意义是减少了大、中、小修的盲目性。

12. 人性化

点检定修管理充分体现了"以人为本"的思想。点检定修管理发展到一定程度，就是自

---

❶　指整理、整顿、清洁、清扫、素养、安全。

❷　指定点、定指标、定人、定周期、定方法、定量、定业务流程、定行为规范。

❸　对每一台（件）设备，都有明确的设备点检责任人，该人即为设备的 A 角；在此同时又必须明确当该责任人因故不在时的备用管理人员，该备用管理人员即为该设备的 B 角。

❹　指点检方、检修方、运行方共同进行现场确认，两方确认指仅需点方、修方和运行方中的任意两方进行现场确认。

主维护和自主管理。通过点检定修管理，逐步形成自主维护、自主管理、终身管理、民主管理的体制，充分体现"以人为本"的思想和精神。

三、《导则》解读

2021年1月7日，国家能源局发布了行业标准《火力发电企业设备点检定修管理导则》（DL/Z 870—2021）（以下简称《导则》）。

为了帮助设备管理的责任主体——点检员深刻理解《导则》的内涵，以便更好地贯彻执行《导则》，对《导则》中的一些主要研讨内容介绍如下。

1. 关于点检员的定位

按 TPM 原来的观点，点检员应是设备管理中设备的主人，即设备的唯一责任人，但我国电力行业目前阶段的实际情况，则是运行和维护人员均要承担设备管理的相应责任。例如有的发电企业在设备维护管理上对运行人员有一定的授权，对维护人员也规定了某些设备定期管理的内容。《导则》的提法是："点检员是设备管理的责任主体。"这种提法比较切合目前我国电力行业的实际情况，便于执行。

2. 将设备维护保养标准列入"四大标准"

在《导则》中，设备维护保养标准包括：设备的缺陷管理标准，设备的润滑（给油脂）标准，设备的定期试验和维护标准，设备的外观、结构、性能标准。

将设备维护保养工作单独作为一项标准，还有深远的意义，这就是要使传统的设备维护向标准化维护推进，用主动的科学维护来替代被动维护，实现设备的零缺陷。

3. 强调了设备"四保持"工作的重要性

设备的"四保持"工作是指保持设备的外观整洁、保持设备的结构完整、保持设备的性能和精度、保持设备的自动化程度。

在 TPM 原来的内涵中，也有设备的"四保持"，但它把"四保持"作为对点检员的工作要求，而《导则》则把该项工作上升为标准化体系的组成部分。这种提法说明这项工作不仅仅是工作要求，而是作为必须执行的标准化作业。我国电力行业前一阶段执行"达标、创一流"工作，成绩是有目共睹的；《导则》做了上述调整，其意图是显而易见的，就是要求保持设备的最佳状态，将设备无泄漏和文明生产工作采用常态化的方法来管理，巩固"达标、创一流"的成果。

4. 提出设备的定修策略

在设备定修管理中，既肯定 TPM 中的关于点检定修的理念，同时又赋予优化的理念，《导则》提出了设备的定修策略。

5. 导则提出了优化点检的理念

在点检定修制引入我国电力行业的实践中，由于科技水平的发展，相应的管理也要有所改进；同时，由于这种新的管理理念与我国长期以来传统管理相碰撞，发生了点检工作不优化的现象。这些现象的发生是由于我国长期以来一些行之有效的管理方法和制度，在实行点检定修管理时未能很好地整合在一起，例如一些重要的技术监督和点检管理体系的关系，原有一些定期试验项目如何在点检体系中定位等；同时管理体制扁平化，人员高度精简，对点检人员的配备进一步精干化等因素也有一定影响。上述这些情况的发生对点检管理提出了进一步优化的要求。基于以上问题，《导则》提出了优化点检的理念。

综上所述，《导则》具有兼容性和开放性的特点，将 TPM 的先进理念与我国长期以来的实际工作相结合，与行之有效的规章制度相结合，兼容在行业标准中。

四、点检定修在国内发电企业的应用

我国电力行业的设备管理体制，是在我国第一个"五年计划"期间从苏联引进设备的同时引进的当时苏联的设备管理模式。随着改革开放的不断深入发展和我国国民经济的快速增长，电力行业无论从设备的先进性和单机容量都有大幅度的提升，原有的设备管理体制和管理方法备受质疑，这是点检定修制进入我国电力行业的时代背景。

原电力工业部为了改变我国发电企业管理落后的局面，从 20 世纪 90 年代初起，分别邀请日本、英国发电厂厂长就管理体制、管理方法和管理经验对国内部分大型发电企业和有关研究院、所的领导进行了培训。

国内发电企业引进点检定修制，首先在华东地区的发电厂全面推行。为了规范点检定修的管理行为，有些省（市）的电力局根据自身特点编写了各自的实施细则（导则），推动 TPM 设备管理与我国传统管理的有机结合。

1999 年 5 月，受上海电力股份有限公司委托，由中国电力企业联合会火电分会科技服务中心代编写该公司点检定修管理导则，并在该公司试行。浙江省电力公司所属北仑电厂 1997 年开始进行点检定修制试点到全省范围内的推广，历时 5 年左右。

点检定修制的先进理念和内涵得到全国众多发电企业尤其是一些新建电厂的广泛响应。但在这项工作的推广过程中，由于各个单位具体情况的不同而产生了许多不同做法；因此，很多企业希望有一个规范性的全国性的行业标准。中国电力企业联合会标准化部在 2002 年上报原国家经贸委电力司，以《关于下达 2002 年度电力行业标准制定和修订计划的通知》（国经贸（电力）〔2002〕973 号）正式安排了《发电设备点检定修管理导则》行业标准的制定工作。

目前，国内电力行业各集团公司都在积极推行点检定修工作。

（一）国家电网有限公司

在 2006 年，输变电设备状态检修开始提到生产管理议程当中。

2007 年初，国家电网公司（现国家电网有限公司）党组、职工一届二次职代会把输变电设备状态检修列为 2007 年公司 1 号提案，部署相关网、省电力公司进行研究和总结。

2008 年 3 月 29 日，国家电网公司印发了《国家电网公司设备状态检修管理规定和关于规范开展状态检修工作指导意见》。

（二）华能国际电力股份有限公司

2008 年，华能国际电力股份有限公司提出推行点检定修，确定淮阴、福州、石洞口二厂、玉环、沁北、南通、岳阳、大连八个电厂为试点电厂。

（三）中国大唐集团有限公司

中国大唐集团公司（现中国大唐集团有限公司）组建初期提出，设备检修管理推行点检定修制，运行管理推行集控运行和全能值班员。

作为推广的配套措施，中国大唐集团公司发布了以下点检定修相关标志性文件。

（1）2006 年 7 月，发布《中国大唐集团公司设备点检定修管理导则》。

（2）2007 年 1 月，发布《中国大唐集团公司点检定修工作绩效考核指导意见（试行）》。

（3）2008 年 1 月，下发《200MW、300MW、600MW 发电设备检修作业指导书（参考标准）》。

中国大唐集团有限公司发布的点检定修相关标志性文件如下。

（1）《大唐国际点检定修和 EAM 应用研讨会会议纪要》（大唐电生〔2005〕65 号）。

（2）《大唐国际 2006 年点检定修现状调研报告》（大唐电生〔2006〕6 号）。

（3）《大唐国际深化点检定修工作会议纪要》（大唐国际生〔2006〕19号）。

（4）《大唐国际新厂新制设备维护工作会议纪要》（大唐国际生〔2006〕62号）。

（5）《大唐国际2007年度点检定修研讨班会议纪要》（大唐国际生〔2007〕54号）。

（6）《大唐国际发电企业生产管理机制体制创新研讨会会议纪要》（大唐国际生〔2007〕55号）。

（7）《大唐国际点检定修分析会会议纪要》（大唐国际生〔2008〕1号）。

（四）中国华电集团有限公司

中国华电集团公司（现中国华电集团有限公司）于2006年中提出以点检定修制作为设备检修管理的发展方向；通过考察、调研和总结，借鉴国内外成熟经验，根据自身实际情况，2006年10月起草和印发了《华电集团点检定修管理实施指导意见》，达到统一规范和思想的目的；并组织专家起草和出版了《中国华电集团公司发电企业点检定修管理示范性标准与示例》，于2007年4月由中国水利水电出版社正式出版，为规范发电企业推行点检定修管理奠定了基础，提高了下属发电企业的工作效率，减少了许多重复性工作。同时把《中国华电集团公司发电企业点检定修管理示范性标准与示例》试题化，贯彻标准、逐步深化，深刻掌握，促进提高。

（五）中国国电集团有限公司

2004年，中国国电集团公司（现中国国电集团有限公司）提出试点推行状态检修，确定北仑、聊城、太原一热、双辽、双鸭山、靖远、谏壁、石横八个电厂为状态检修试点，逐步加强设备状态管理，扩大状态检修比例。这些试点单位通过调研和考察，总结国内外经验，全部决定从点检定修制入手开展状态检修工作。

2008年1月，中国国电集团公司下发《新扩建电厂点检定修实施管理制度》，要求新扩建发电企业按照点检定修体制实施。

（六）国家电力投资集团有限公司

设备检修管理提出"三制一化创全优"的方针。

1. 检修体制贯彻方针

（1）健全机制，为有序开展点检工作提供组织保证；

（2）全体动员、强化理念、规范管理，推进"三制一化创全优"全过程；

（3）加强培训，提高素质，发挥点检员（系统工程师、全能点检员）的作用。

2. 点检定修制的推广过程

（1）体制明确，提高认识，坚定信心，认真执行；

（2）加强学习，提高技能，奉行理念，强化过程；

（3）提高装备，注重精细，确保质量，全能点检。

（七）其他发电企业

其他发电企业如国家能源集团国华电力有限责任公司、广东省能源集团有限公司、浙江省能源集团有限公司、江西省能源集团有限公司、华润电力控股有限公司、国投电力控股股份有限公司、北京能源集团有限责任公司等发电公司，在设备管理体制方面都推行点检定修制。尤其是国华、粤电、浙能等公司从2000年就开始推行点检定修管理，积累了丰富的经验，并配备EAM和厂级监控信息系统（supervisory information system for plant level, SIS），检修多数实施外委承包。这些企业通过几年的运作，取得了良好的效果，值得我国电力行业总结和借鉴。

项目三　设备点检管理

【项目描述】

主要培养学生认知点检，熟悉规范化的设备点检体系，熟悉日常点检、专业点检、精密点检的业务流程、工作内容及作业要点。

【教学目标】

1. 能理解点检制的内涵。
2. 能陈述规范化的设备点检体系。
3. 会日常点检。
4. 会专业点检。
5. 会精密点检。

任务1　设备点检认知

【教学目标】

1. 能陈述点检制及点检的分类。
2. 能讲解点检管理的特点。
3. 能说明点检与传统设备检查的区别。
4. 能理解设备点检管理的五层防护体系。
5. 能根据不同的设备类型实施点检优化。

【任务工单】

学习任务	设备点检认知					
姓名		学号		班级		成绩	

通过学习，能独立回答下列问题。
1. 什么是点检制？点检管理的主要特点有哪些？
2. 点检如何分类？
3. 传统设备检查主要有哪几种形式？
4. 点检与传统设备检查的区别主要有哪些？
5. 什么是设备点检管理的五层防护体系？
6. 什么是点检优化？
7. 什么是A类设备？什么是B类设备？什么是C类设备？
8. A类设备的点检优化策略有哪些？
9. B类设备的点检优化策略有哪些？
10. C类设备的点检优化策略有哪些？

【任务实现】

一、点检制概述

设备点检制是以点检为核心的设备维修管理体制。这种体制要求点检人员既负责设备点检，又负责设备管理；在点检、运行、检修三者之间，点检处于核心地位，是设备维修的责任者、组织者和管理者。点检人员对其管辖区的设备全权负责，严格按标准进行点检，并承担制定和修改维修标准、编制和修订点检计划、编制检修计划、完成检修工程管理、编制材料计划及维修费用预算等工作。设备点检制的目的在于以最低费用实现设备预防维修，保证设备正常运转，提高设备利用率。

二、点检管理的特点

设备点检完全改变了传统设备检查的业务结构，改变了业务层次和业务流程，是一种不同于传统设备检查的基础管理新形式，其主要特点如下。

1. 实行全员管理

TPM是点检工作的基础，是点检制的基本特征。没有生产工人参加的日常点检活动，就不能称为点检制。

2. 专职点检员按区域分工进行管理

现代化设备所必需的机械、电气、仪表等专业的专职点检员，按工作量的大小实行区域分工负责制，这是点检制的实体和核心，也是点检活动的主体。

3. 点检员是管理者

点检制的精髓是管理职能重心下移，把对设备管理的全部职能按区域分工的原则落实到点检员，实行"七事一贯制"管理。

4. 点检是一整套科学的管理工程，是按照严密的标准体系进行管理的

没有技术标准、点检基准、给油脂基准、维修作业标准及点检计划等配套的标准，就不可能沿着科学的轨道推进点检活动，各种标准是点检活动的科学依据。

5. 点检制把传统的静态管理方法上升到动态管理方法

"点检—定修"是一套制度的两个侧面。点检发现的问题将随时根据经济性、可能性，通过日修、定修、年修计划加以处理，减少了大、中、小修的盲目性，把问题解决在最佳时期的动态修理中。因此，只进行点检而不推行定修制，不能构成一个完整的设备管理体系系统。

三、点检的分类

点检的种类，按照不同的特征存在不同的分类方法。

（一）按点检的目的分类

1. 良否点检

对性能下降型的劣化只进行对劣化程度的检查，并判断维修的时间。

2. 倾向点检

对突发性故障型的劣化，对劣化的程度进行点检，并预测寿命和维修更换时间。

（二）按点检的方法分类

1. 解体点检

在设备现场进行分解点检，这种点检一般都属于工程性的项目，也就是由专职点检人员

提出工程项目，委托给检修方实施解体检查。

2. 非解体点检

在设备运行的现场作外观性的观察检查，这种点检一般都是由点检人员自己完成。

（三）按点检实施的周期及实施人员分类

1. 日常点检

主要是依靠点检员日常的"五感"（即视觉、听觉、嗅觉、味觉、触觉）进行外观检查，在设备运转中（或运转前后）由运行（维护）人员承担的点检称为日常点检，也称为日常巡检。检查频度可以细分到"班"，将要检查的项目划分到运行班中，每天循环执行。现场点检时使用点检仪来记录点检数据。日常点检的周期通常在一周以内。

2. 定期点检

定期点检也就是通常所说的预防检查。按照每台设备（包括组成的零部件）不同的特性，确定一定的检查间隔，依靠人的"五感"及检测仪器，对其运行的状态定期地进行检查，再将检查的结果作为动态的过程记录下来进行综合性的分析、研究，尽可能在发生故障之前及早地发现隐患。由点检人员实施，检查频度可以细分到"天"，将要检查的项目划分到一周中的 5 个工作日，每周循环执行。现场点检时使用点检仪来记录点检数据。

定期点检周期在 1~4 周之间，和日常点检一样，基本上是外观性的检查。定期点检可分为两种：

（1）周例点检，即在一周内对重点项目进行点检；

（2）重合点检，专职点检人员对 1 个月内点检的项目与生产运行人员日常点检的项目重合进行，双方都对设备的外观进行详细的检查，用比较的方法来确定设备内部的工作状况。

3. 长期点检

长期点检又称周期管理，由点检人员或检修人员来实施，是为了解设备磨损情况和劣化倾向对设备进行的详细检查。长期检查周期一般在 1 个月以上，但是没有编入精密点检和大小修点检的项目。长周期点检可以通过编制设备的周期管理表来进行。

长期点检基本包括两个方面：

（1）解体点检，是对那些在平时调换零部件时不能点检的重要设备或打不开的设备，在其停止运行时，在现场进行解体（打开），做内部检查，了解设备磨损情况和劣化倾向；

（2）循环维修点检，是将设备的维修部件（组件）或定期更换下来的零部件送到修理厂去做解体检查，确认使用后的状况，并做详细的点检记录，待修复后再使用。

4. 精密点检

精密点检是指采用专用检测仪器、仪表，对设备进行测试、检查，运用振动、温度、裂纹、变形、绝缘等状态量，并对测得的数据对照标准和历史记录进行分析、比较，定量地确定设备的技术状况和劣化程度，以判断其修理和调整的必要性。精密点检可以是定期的也可以是不定期的，其间隔较长时间（1 个月以上，甚至 1 年以上）执行一次的检查试验项目，但是并不一定严格按该周期来执行。由专职点检人员提出委托计划或根据点检的要求配合检修中进行，测定的数据应及时反馈给专职点检人员，以便系统地掌握设备状态数据和实绩分析，决定维修对策。预防试验可以列入精密点检的范围。

5. 智慧点检

基于大数据、智能化诊断、云计算等智慧系统，实现对设备、系统参数的远程监视、趋势分析、耗差分析、经济指标分析的点检方法。

四、点检与传统设备检查的区别

（一）传统设备检查的几种形式

1. 事后检查

事后检查是指设备在发生突发性故障或事故后，为了恢复其故障或事故部位的工作性能，以决定合理的修复方案和确定具体的内容所进行的对应性检查。这种检查无事先设定的检查周期，无固定的检查内容，也无固定的执行人员，一般是由设备技术职能人员组织维修工人进行实地调查、检查。

2. 巡回检查

这种检查方法是根据预先设定的检查部位和主要内容进行粗略的巡视检查，以保证设备正常运转，消除运转中的缺陷和隐患。这种方法实质上是一种不定量的运行管理，对分散布置的设备较为合适。

3. 计划检查

计划检查是在计划预修制中采用检查修理法时所必需的一种设备检查，它有预先设定的周期和检查的项目，所以也称定期检查。这种检查方式已普遍用于设备检修，它包括事先的检查和部件的解体检查，一般由技术人员提出计划，由检修工人实施。

4. 特殊性检查

这是对具有特殊性要求的设备进行的检查，如设备精度的定期检查、零部件的品质检查、继电保护整定和绝缘测定等特殊性检查。

5. 法定检查

以国家法规形式规定的检查，称为法定检查。它包括性能鉴定和法定试验，如高压设备的高压试验、锅炉和压力容器的压力试验、起重机等起重设备的年检试验等。法定检查的目的是防止灾害（故障）发生，保证安全作业。

（二）点检与传统设备检查的区别

点检是一种设备管理方法，传统的设备检查仅是一种检查方法，两者在以下几方面有明显的区别。

1. 定人

点检作业的核心是专职点检员的点检，它不是巡回检查，而是固定点检区的人员，做到定区、定人、定设备、不轻易变动。人员一般是 2～4 人，不超过 5 人，负责几十台到上百台设备，实行常白班工作制。点检员不同于维护工人、检修工人，也不同于维护技术人员，而是经过特殊训练的专门人员。

2. 定点

预先确定设备可能发生的故障类型和故障发生点，明确规定设备的点检部位、项目和内容，使点检员做到有目的、有方向地进行点检。

3. 定量

在点检的同时，把技术诊断和倾向性管理结合起来，对有磨损、变形、腐蚀等减损量的点，根据维修技术标准的要求，进行劣化倾向的定量化管理，以测定其劣化倾向程度，达到预知维修的目的，实现了较为完善的现代设备技术和科学管理方法的统一。

4. 定周期

对于故障点的部位、项目和内容均有预先设定的周期，并随着点检员素质的提高和经验的积累，进行适当的修改、完善，摸索出最优的点检周期。

5. 定指标

按照设备的技术及能够判定设备劣化程度，确定每一个检查点参数的正常工作范围，包括间隙、温度、压力、振动、流量、绝缘、异声等。点检指标是衡量或判别点检部位是否正常的依据，也是判别该部位是否劣化的尺度。因此，凡是点检的对象设备都有规定的判定标准，点检员依此采取对策，消除偏离标准的劣化点，恢复正常状态。

6. 定点检计划表

点检计划表（或作业卡）是点检员实施点检作业的指南和进行自主管理的蓝图。点检员根据预先编制好的点检计划表，沿着规定的路线去实施作业。

7. 定记录

点检信息记录有固定的格式，包括作业记录、异常记录、故障记录和倾向记录等。这些完整的记录为点检业务的信息传递和制订维修计划提供了有价值的原始数。

8. 定点检业务流程

点检作业和点检结果的处理对策，称为点检业务流程。它明确规定了处理程序，急需处理的隐患和不良，由点检员直接通知维护人员立即处理，不需紧急处理的问题则做好记录，纳入计划检修中加以解决。它简化了设备维修管理的程序，做到应急反应快、计划项目落实，并对这些实绩进行研究，反馈检查，修正标准，以提高工作效率。

设备点检可使隐患和异常能在故障发生前得到恰当的处理，因此，它是一种预防性的、主动的设备检查。

五、设备点检管理的五层防护体系

设备点检集中运行人员、专业点检员、专业技术人员、检修技术人员等"全员"的力量，将不同专业、不同阶段协调于同一目标下，使这些各类专业技术的各个层次的人相互配合、协调，形成完善有效的设备管理体系。点检系统工作体系如图 3-1 所示。

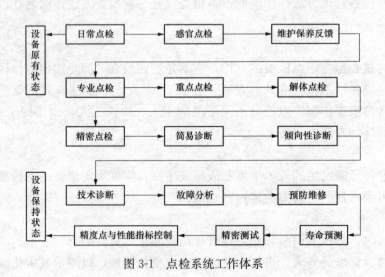

图 3-1　点检系统工作体系

　　五层防护线是指岗位日常点检、专业定期点检、专业精密点检、技术诊断与倾向管理、精度测试检查等结合起来，以形成保证设备健康运转的防护体系。五个层次内容如下：

　　第一层。发电厂运行人员实质上也是设备的维护保养人员，通过运行人员负责的日常巡（点）检，发现异常，排除小故障，进行小维修，这是防止设备发生事故的第一层防护线。

　　第二层。专业点检员是负责设备维护工作的人员，具有较全面的知识和一定的实际经验及管理协调能力。专业点检员靠经验和仪器对重点设备、重要部位进行详细的外观点检或内部检查，掌握设备的劣化倾向，发现隐患，排除故障，是防止设备事故发生的第二层防线。

　　第三层。在日常点检和专业点检的基础上，点检员和专业技术人员对设备进行严格精密的检查、测定和分析是防止设备事故发生的第三层防护线。

　　第四层。与"三位一体"的点检制相协同的是技术诊断和倾向管理，无论哪一种点检发现异常，必要时都可使用技术诊断的方法探明因果，为决策提供最佳处理方案，同时对重要部位或系统确定倾向管理项目。技术诊断可不断地记录动态指标，作出曲线，做到一有异常立即发现，为倾向管理提供依据。因此，技术诊断和倾向管理是点检工作的重要组成部分，是防止设备事故发生的第四层防护线。

　　第五层。经过上述四层防护，设备是否能保持基本特性，还要检查设备的综合性精度。要按精度检查表规定的精度点，每隔半年或一年进行一次精度检测和性能指标检测，计算其精度良好率，分析劣化点，以确定设备的性能和技术经济指标，评价点检效果，这是防止设备事故发生的第五层防护线。

　　设备点检管理的五层防护体系见表3-1。

表 3-1　　　　　　　　　　　　　设备点检管理的五层防护体系

名称	方式	执行人员	工作手段
日常点检	24h 内定时	值班员及巡操员	设备结构知识、感官＋经验
专业点检	白班定时	点检员	机械、电气、仪表、水、液压、材料等一般知识，工具、仪器＋经验
精密点检	白班计划	点检员与专业技术人员	专业知识、经验＋精密仪器＋理论分析
技术诊断和倾向性诊断	按项目定期计划	点检员与专业技术人员	机械、电气、仪表、水、液压等全面知识、经验＋诊断仪器＋分析技术
性能与精度测试检查	定期测试	点检员与专业技术人员	设备知识、经验＋精密仪器＋分析判断能力

　　点检工作的五层防护是设备点检制的精华，是建立完整的点检工作体系的依据。按照这一体系，把企业的各类点检工作统一起来，使岗位操作人员、专业点检人员、专业技术人员、检修人员等不同层次、不同专业的全体人员都参加管理，把简易诊断、精密诊断以及设备状态监测和劣化倾向管理、寿命预测、故障解析、精度与性能指标控制等现代化管理方法统一起来，从而使具有现代化管理知识和技能的人、现代化的仪器装备和现代化的管理方式三者结合起来，形成现代化的设备管理技术。

六、点检优化策略

　　发电厂是一个十分庞大的系统，由锅炉、汽轮机、发电机三大主设备组合而成，每天产生的点检信息量可达数千条以上。这些信息量的获得，应该怎样分工以及如何在这些信息中及时找到最需要的数据，就像"沙里淘金"，需要耐心、细致地筛选，这就是点检优化策略所要研究的课题。

（一）点检优化概念

合理安排点检管理的五层防线，既要以点检为核心的精神，又要充分发挥与点检管理有关的运行巡检、技术监督、定期试验等工作的作用，做到五层防护线各有重点，不产生重复点检，设备数据信息流畅通，分工和职责明确，达到点检工作优化的目的。

（二）点检优化策略

对任何工作我们都要抓住主要矛盾，我们不能对所有设备采用"一刀切"的管理办法，因此要对发电厂的设备进行分类。对不同类别的设备，采用不同的点检策略。

1. 设备分类

设备分类是设备定修策略的基础工作，根据 DL/Z 870—2021 的有关规定，对设备分成A、B、C 三类。设备分类工作一般由分管设备的点检人员提出初稿，由设备管理部门审核汇总后提交企业负责人，批准后作为今后各项工作的依据。分类原则如下：

（1）A 类设备是指该设备损坏后，对人员、电力系统、机组或其他重要设备的安全造成严重威胁或直接导致环境严重污染的设备。

（2）B 类设备是指该设备损坏或在自身和备用设备皆失去作用的情况下，会直接导致机组的可用性、安全性、可靠性、经济性降低或导致环境污染的设备；本身价值昂贵且故障检修周期或备件采购（或制造）周期较长的设备。

（3）C 类设备是指发电生产系统中不属于 A、B 类的设备。

2. A 类设备的点检策略

A 类设备的健康与否，直接影响到机组的正常运行，是我们点检工作的重点，实际工作中应注意以下几个方面的工作：

（1）点检员是 A 类设备的第一点检责任人。A 类设备的点检信息是带有关联性质的，因此点检人员要具备较好的专业素质，既需要有运行方面的知识，也要熟悉设备的结构、性能。因此对 A 类设备的点检，应由点检员亲自主持和参与，不宜外包，同时应按 DL/Z 870—2021 的要求，不断提高点检员的素质。

（2）A 类设备的点检方式以倾向点检为主。A 类设备以倾向点检为主，强调对微小变化的跟踪探索，除了点检员要做好倾向管理外，强调运行监盘人员对实时数据的分析和向点检人员发出预警信号（微小倾向趋势）以期尽早得到设备变化的信息。有条件的企业，可设置或改造实时数据的计算机监控系统，A 类设备的实时数据如果出现了劣化倾向，就会对发电生产构成威胁，这时应树立以保设备为主的理念，监控装置起到 24h 不间断点检的作用。任何超越运行技术管理值的故障运行都会对设备健康构成危险，因此，不能因为构成非停或事故等原因而带病运行。

（3）A 类设备的点检数据分析工作，强调协同作战原则。这是因为 A 类设备所反映的问题是生产系统中的综合表现。例如某锅炉设备引风机振动发生变化，可能会有多种原因（电机的原因、机械本身的原因、运行方式的原因和基础的原因等），因此要适时召开设备管理部门的内部协调会议，这种会议无需由上一级领导到场，可以运用"工序服从"原则，及时解决。

（4）加强对 A 类设备的精密点检、技术监督和定期测试等工作。设备的精密点检的目的是定期获得反映设备状态的技术数据，有些数据的获得必须是在设备停运情况下进行。因此，精密点检往往集中在设备年修中进行，而且精密点检多数集中在 A 类设备上。

3.B 类设备的点检策略

围绕设备受控对 B 类设备开展点检管理是研究 B 类设备点检策略的主要内容。点检员对 B 类设备应采取先易后难、逐步推进、重点攻关等手段，将分管设备中的 B 类设备运用"解剖麻雀"的办法，彻底搞清楚设备的内在规律，这些规律是设备的合理检修周期、易损零部件的更换周期、合理的运行技术管理值、合理的检修技术管理值，简单地说是围绕设备受控的有关工作。

（1）B 类设备受控的滚动规划。表 3-2 为 B 类设备受控的滚动规划举例。

表 3-2　　　　　　　　　　　　　　B 类设备受控五年滚动规划

序号	项目名称	设备编号	受控年份										备注
			2015		2016		2017		2018		2019		
			初控	受控	初控	受控	初控	受控	初控	受控	初控	受控	
1			5月					5月					
2			7月			7月							
3			12月							6月			
4					11月					11月			
5							3月					3月	
6					6月					12月			

上述滚动计划表说明：

1）B 类设备在检修策略上，要逐步采用状态检修的做法，因此原则上除在年修中安排检修的 B 类设备以外的其他 B 类设备，均需列入滚动规划表内，对全厂的 B 类设备有一个长远的打算。

2）表中至少要有设备名称、设备编号（电脑管理的需要）、受控的年份和备注栏等栏目，格式和形式可以根据各自情况变动。

3）初控是指该设备经过一次全面的劣化倾向管理后，点检员已初步掌握了设备的检修周期、易损零部件的更换周期或规律，运行管理值和检修技术管理值已基本确定并在实践中得到应用。

4）受控是指在经过设备初控以后的第二次倾向管理中，经过一个检修周期的实践证明，确认初控中认定的检修周期、易损部件的更换周期、运行技术管理值和检修技术管理值都是正确的。

5）本滚动规划要逐年修订，从初控到受控阶段中发现的与原来规划设想有变动时应及时调整规划。

6）备注栏内应说明该设备拟进行的劣化倾向管理的部件名称和项目。重点攻关项目和暂时无条件开展劣化倾向管理设备的也应在备注栏内说明。

制订的滚动规划，应一目了然，分管的 B 类设备将用什么办法在多少年内全部受控。当然，这些受控数据的获得是进行有效的精密点检和劣化倾向管理。

（2）B 类设备的点检分工。同 A 类设备一样，B 类设备也应由点检员担任第一点检责任人。当被点检设备受控以后，可以适当减少点检员的点检频度（即延长两次点检的间隔时间），而将工作重点转向该设备的日常维护标准化上面去。

有的发电企业，由于人员编制特别紧，可以在点检员（业主）指导下，由承包商按标准进行点检。即实行委托点检。

（3）设备管理的最终目的是设备受控，并保持无故障运行。B类设备最佳管理流程如图3-2所示。

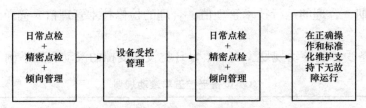

图 3-2　B类设备最佳管理流程

设备点检并不是目的，它只是设备管理的一种手段，发电设备管理的最终目标是要求能始终保持无故障运行。

一般来说，设备从基建投产移交生产后，需经过四个阶段才能保持在无故障运行的最佳状态。这四个阶段内容如下。

1）第一阶段：通过日常点检、精密点检和劣化管理，逐步摸清设备的内在规律基础上，向设备受控管理过渡。

2）第二阶段：受控管理主要是结合劣化倾向管理进行，制订合理的零部件更换周期和检修周期，验证运行技术管理值、检修技术管理值是否符合实际情况，为状态检修提供依据。

3）第三阶段：在设备受控基础上，按受控管理确定的检修周期进行预防检修，在检修时又反过来为完善受控标准进行验证。确认按受控标准所进行的检修确实是符合状态检修的原则，否则，还需重新循环，直至达到状态检修的目的。

4）第四阶段：设备在受控基础上进行状态检修后，还必须保持在无故障运行的水准上，这个水准的获得必须是设备的运行操作是正确无误的；同时，又必须获得标准化维护的支持。

4. C类设备的点检策略

C类设备一般实行良否点检，不实行倾向点检。

在分工上，电厂运行人员负责C类设备的日常点检，也是设备良否点检的责任人。

因为C类设备一旦损坏且不被发现，时间长了就会对生产造成危害。所以运行巡检24h值班时间内，每班都有人全面巡视所有设备。

有的企业把维护人员界定为助理点检员，协助点检员全面负责C类设备的日常点检。实践证明这可以很好地发挥维护人员的积极性，同时也减轻了点检员的工作负担，有利于对A、B类设备加强管理。维护人员参加点检活动，也符合TPM管理的内涵。

对于主厂房内的很多物业管理项目，从其性质上分析不属于A、B类设备范畴，不宜由点检员直接管理，一般可由维护人员负责或单独设置物业管理人员。

任务 2　规范化的设备点检体系认知

【教学目标】

1. 能陈述规范化的设备点检体系。
2. 能理解点检管理的"八定"原则。
3. 能根据点检标准，编制所辖设备的点检计划。
4. 能理解点检的组织分工。
5. 能按照点检计划，编制点检路线图。

【任务工单】

学习任务	规范化的设备点检体系认知					
姓名		学号		班级		成绩

通过学习，能独立回答下列问题及完成要求。
1. 规范化的设备点检体系主要包括哪三个方面？
2. 什么是点检管理的"八定"原则？
3. 点检部位（点）的确定原则有哪些？
4. 点检定修制中的维修标准分为哪四类？
5. 点检标准的内容主要包括哪些？
6. 点检标准的分类主要有哪些？
7. 点检周期的长短的确定一般要考虑哪些要素？
8. 试画出典型点检作业流程图。
9. 点检计划的编制要领主要有哪些？
10. 如何制订某设备日常点检计划？
11. 如何制订某设备定期点检计划？
12. 如何制订某设备精密点检计划？
13. 各类人员点检要求主要有哪些？

【任务实现】

中国设备管理协会对 TPM 在国内的推广应用做了大量工作，非常重视规范化的设备管理模式，由此建立的管理体系被不少企业认同和使用，并取得了明显的效果。它强调全员参与、步步深入，通过制定规范、执行规范、评价效果、不断改来推进 TPM，是中国企业的 TPM 之路。规范化的设备点检体系包括点检的准备、点检计划和点检的组织分工三个方面。

一、点检的准备

推行点检的准备工作可以归纳为"八定"，即定点、定指标、定人、定周期、定方法、定量、定业务流程、定行为规范，这也是点检管理的基本原则。

（一）定点

科学地分析、确定设备的维护点，即易发生劣化部件。明确点检部位，同时确定各部件检查的项目和内容，以使点检人员能够心中有数，做到有目的、有方向地去进行点检。

点检要定地点，就是要确定设备点检时的关键部位、薄弱环节，要找出设备的故障点。如回转部位、滑动部位、传动部位、荷重支撑部位、受介质腐蚀部位以及承压部位等。

1. 设备劣化的原因

发电设备的各个部分可能由不同原因造成隐患或故障。

(1) 转动和滑动部分的劣化现象和原因。

1) 磨损：由于运动摩擦而引起接触面的磨损，如齿轮、轴承、轴套、导轨面的磨损等。

2) 损坏：由于磨损或受力作用（弯曲、剪断）而断裂等。

3) 旋转不好：转动不灵活，滑动面粗糙等造成运转不畅。

4) 操作不当：操作不正确或不按操作规程操作设备，或误操作而造成故障。

5) 异声：出于润滑不良或异物落入而造成转动部位出现异声。

6) 振动：转动和滑动部位各种异常振动。

7) 漏油：润滑部位的泄漏等。

(2) 固定部分劣化现象和原因。

1) 松弛脱落：连接部位螺钉松弛和脱落。

2) 变形断开：结构或构件变形、切断、折损。

3) 腐蚀、龟裂、受腐部位或构件龟裂等。

(3) 电气部分劣化现象和原因。

1) 电气烧损、绝缘不良。

2) 线路接点的短路或断路。

3) 电气整流不良。

4) 电参数的漂移等。

(4) 其他部分。除上述三部分的劣化外，还有如工艺熔损等由于剧烈热效应所造成的劣化。

上述劣化现象和原因可以从设备本体质量、维修质量、点检质量和操作保养质量等方面来分析，这些原因大致可归纳为以下四个方面。

(1) 设备本身的原因：设备本体素质不高。设计不合理、机件强度不够、形状结构不良、使用材料不当、零部件性能低下，机体刚性欠佳造成断裂、疲劳和蠕变等。

(2) 日常维护的原因：点检、维护质量不高。污垢异物混入机内、设备润滑不良、紧固不良、绝缘和接触不良，造成机件性能低下、机件配合松动、短路、得不到及时改善和调整等。

(3) 修理质量的原因：维修质量低劣。修后设备安装不好、零部件配合不良、装配粗糙、组装精度不高，选择配合不合要求，造成偏心、中心失常、振动、平衡不佳等。

(4) 操作及其他的原因：操作水平低、操作保养质量差。超负荷运转、工艺上调整不良、误操作，拼设备、不清扫，温湿控制差，欠保养、风沙、浸水、地震，造成设备运转失常等。

例如，我国某厂一年的故障实绩资料证明：松脱劣化故障占 11％；接地短路劣化故障占 4.8％；操作、工艺劣化故障占 20％；磨损劣化故障占 25％；润滑不良劣化故障占 5.4％；其他劣化故障占 33.8％。

劣化原因分析表明，提高点检和使用保养质量，减少停机时间，还有很大潜力可挖。

　　设备故障会造成巨大的损失，但纵观故障的起源，往往是设备的某一个局部的细小零部件或个别点的损坏，而不是设备的全体。因此，抓住设备易损处的隐患或故障的薄弱点，以及该点要损坏时出现的现象，就可以避免故障的延伸和扩大。

　　2. 点检部位（点）的确定原则

　　（1）机械（机构组件）：主要是旋转和滑动部位，如转动部位及转动件，滑动部位及滑动（动作）件。

　　（2）机体（结构部件）：主要是地基连接部、机架受力部位、高强度接触部位、原材料黏附部位和受腐蚀结构及机件。

　　（3）电气（线路系统）：主要是受电部件、线路接点、绝缘部位、连锁部位、控制系统、电气、仪表元件部位等。

　　（4）其他部位：因其他原因造成的劣化部位。

　　3. 点检监测的方式

　　点检需要监测劣化状态的诊断点及其表现的状态，对设备劣化的监测可以从机械、电气、剧热效应和化学四个方面进行。

　　（1）机械的监测：点检员对机械设备的固定、旋转、滑动部分中可能存在的受力、超重、冲击、振动、摩擦、运动等状态进行监测，预测可能会出现变形、裂纹、振动、异声、松动、磨损等现象的地方，并将其确定为点检点。

　　（2）电气的监测：点检员监测电器、电气装备上可能存在的电流、电压、绝缘触点、电磁、节点等状态，预测可能会发生漏电、短路、断路、击穿、焦味、老化等现象的地方，并将其确定为点检点。

　　（3）剧热的监测：点检员监控那些可能存在的辐射、传导、摩擦、相对运动、无润滑等状态，预测可能会发生泄漏、变色、冒烟、温度异常、有异味等现象的地方，并将其确定为点检点。

　　（4）化学的监测：点检员监控那些可能存在的酸性、碱性、异觉、化学变化、电化学等状态，预测可能会发生腐蚀、氧化、剥落、材质变化、油变质等现象的地方，并将其确定为点检点。

　　另外，有关安全、防火、环境、健康，以及可能造成产品质量劣化的典型结构、位置也应该列为需要点检的部位。

　　示例1：空气预热器日点检记录见表3-3。

表3-3　　　　　　　　　　　　空气预热器日点检记录

空 气 预 热 器 日 点 检 记 录		
设备名称：××机组空气预热器	时间：　　年　　月　　日　　上午/　　时　　分　　—　　时　　分 　　　　下午/　　时　　分　　—　　时　　分	
序号	点 检 项 目	点 检 标 准
1	低部推力轴承温度	预警温度设置为70℃；报警温度设置为85℃
2	低部推力轴承的运行	运行声音正常，有无异常的杂声
3	低部推力支承轴承润滑油位	油位计大于2/3处
4	低部内缘环向密封	密封严实、连接螺栓紧固，无异常的摩擦声
5	导向轴承温度	预警温度设置为70℃；报警温度设置为85℃

续表

空 气 预 热 器 日 点 检 记 录

| 设备名称：××机组空气预热器 | 时间：　年　月　日　上午/　时　分　—　时　分 |
| | 下午/　时　分　—　时　分 |

序号	点 检 项 目		点 检 标 准
6	导向轴承的运行		运行声音正常，有无异常的杂声
7	导向轴承润滑油位		油位计大于 2/3 处
8	顶部内缘环向密封		密封严实、连接螺栓紧固，无异常的摩擦声
9	导向轴承冷却水		流量指示计转动，连接管件无裂纹、无渗水
10	驱动装置振动	—	50μm
11		⊙	
12		⊥	
13	驱动装置油位		液面镜 2/3 处
14	空气预热器运行		运行声音正常，有无异常的摩擦声
15	空气预热器的检修人孔门		密封严实、连接螺栓紧固，无烟、气泄漏
16	空气预热器软连接		无破损、老化，密封严实，连接螺栓牢固
17	气动马达及压缩空气软管		气动马达运行声音正常，金属软管连接牢固
18	吹灰器		运行平稳，无卡涉现象，法兰连接无泄漏

备注：

（二）定指标

按照设备技术标准的要求，确定每一个维护检查点参数（如间隙、温度、压力、振动、流量、绝缘等）的正常工作范围。

1. 维修标准的分类

适用于点检定修制中的维修标准，根据专业的不同和使用条件的不同，大体上可分为四大类：维修技术标准、点检标准（含法定检查标准）、给油脂标准和维修作业标准。

维修技术标准是点检标准、给油脂标准和维修作业标准的基础，也是编制上述三项标准的依据，当一台设备列入维修管理范围后，在启用前首先要制订好维修技术标准；如该设备作为点检管理的对象设备，则再根据维修技术标准来编制点检标准、给油脂标准和维修作业标准。

2. 点检标准

（1）点检标准的内容。点检标准是点检人员对设备开展点检、检查业务的依据，是编制点检计划表（卡）和如何进行点检作业的基础，它规定了对象设备各部位点检的项目、内容，点检时设备的状态、周期、判定标准值以及点检的分工、方法等。

点检标准的内容为：

1）对象设备、装置等列入管理范围的部位（如电动机、减速机或传动部位等）、项目（轴、轴承、齿轮等）、内容（温度、磨损量、振动或损伤等）；

2）确定进行点检检查时判定是否正常的数据，即检查的标准，如发热的温度值、磨损的允许量值等；

3）根据实施点检检查的特性所确定的检查周期、点检时设备的状态、点检方法以及实施点检作业的工具、仪器等；

4）完成点检作业的分工，确定日常点检（生产操作人员承担的范围）和定期点检（专职点检人员的业务范围）分工协议。

（2）点检标准的分类。根据专业和使用条件的不同，点检标准分为两大类，即通用标准和专用标准。

1）通用点检标准。是指同类设备在相同的使用条件下实行点检检查的通用标准，一般多数用于电气设备和仪表设备，如高压开关柜、接触器，各类直流电动机、高压电缆、低压盘以及各种控制器、检测器等。对于同类型、同规格的机械设备，如使用条件相同的话，也可以采用通用性的点检标准，如泵、风机等。

2）专用点检标准。机械设备一般都使用专用点检标准，特别是对于工艺要求特殊、工作环境恶劣及运转有特别要求的非标设备。

另外，也可按用途不同，分为日常点检标准和定期点检标准两种：

1）日常点检标准适用于生产操作人员的日常点检；

2）定期点检标准适用于专业点检人员的定期点检、精密点检和解体点检。

（3）点检标准的编制。专职点检人员根据设备使用说明书、维修技术标准和本人的工作经验，对所管辖的设备编制点检标准，具体由点检组长组织专职点检员编制初稿，经本作业区作业长审查批准，交点检组长试行。在试用的半年至一年中，根据设备运转状态、故障、维修实绩等因素对点检标准进行一次全面修改。以后每年根据上述实施实绩及点检人员的技能提高和经验积累，定期进行修改和完善，以达到对设备动态、有效的管理。

示例2：水泵的技术标准见表3-4。

表3-4 水泵点检技术标准

点检部位	点检内容	点检周期	点检方法	点检状态			点检标准
				操作工	专职点检员	维修工	
泵壳	外观检查	Y	目视		△	△	无裂纹、无变形，结合面平整
轴承	振动情况	S/D	测振仪	○	○		振动值应小于0.05mm
	温度	S/D	测温仪	○	○		小于65℃
	润滑情况	D	目测	○	○		润滑良好，润滑油无渗漏
地脚螺栓	固定情况	M	目测	○	○		固定牢固，无松动现象
	运行情况	D	听针	○	○		运转正常，无异声
叶轮	解体检查	Y	目测超声波		△	△	无裂纹、汽蚀、砂眼
	间隙	Y	仪器		△	△	叶轮口环与密封环配合应有0.23～0.3mm的间隙，超过0.5mm时应更换密封环
	端面检查	Y	仪器		△	△	叶轮两端面接触面应光滑，接触均匀，两端面平行容许误差0.016mm，与中心垂直度容许误差0.016mm
	叶轮校核	Y	仪器		△	△	叶轮校核时，静平衡重量不超过3g

注 1. 点检状态标记：○—运转中点检；△—停止中点检。

2. 点检周期标记：S—班；M—月；D—天；Y—年；W—周。

（三）定人

按区域、按设备、按人员素质要求，明确专业点检员。

从各种不同点检的实施人员来看，点检人员可以分成三大类：生产系统的操作人员（日常点检人员）、设备系统的专职点检人员和技术系统的精密点检人员。

点检作业的核心是专职点检员的点检，点检区域和设备是固定的。点检员是经过专业培训、具有一定设备管理能力、精通本专业技术、有实际工作经验、有组织协调能力的设备管理人员。所辖点检区的设备管理者是分管设备的责任主体，一经确定，不轻易变动，点检员实行常白班工作制。

示例 3：热机专业点检岗位分工见表 3-5。

表 3-5　　　　　　　　　　　　热机专业点检岗位分工

序号	职务	岗位分工
1	锅炉点检长	锅炉专业全面点检管理兼制粉系统点检管理等
2	锅炉点检	锅炉本体、燃油系统、四管防磨防爆、锅炉排污系统、压力容器、兼阀门监督管理等
3	锅炉点检	捞渣机、风烟系统、压缩空气系统等，灰渣系统及厂内外灰管线等
4	汽轮机点检长	汽轮机专业全面管理等，兼全厂点检定修管理、振动管理
5	汽轮机点检	汽轮机本体、内冷水、真空系统、氢气系统、闭式水、补给水、蒸汽及疏水系统、除氧器系统、小汽轮机本体及疏水系统，兼管理生产系统暖通空调、建构筑物、门窗沟盖板、道路、雨排水、保温搭架及现场文明生产等
6	汽轮机点检	主机调速油系统、润滑油系统、给水泵及高加、小机润滑油及调速油系统等
7	汽轮机点检	凝结水、开式水、低加系统、工业水、循环水系统、综合和江边泵房内水泵及系统、汽轮机排污系统、凝汽器等
8	燃运点检工程师	燃运机务点检管理等
9	燃运点检工程师	燃运机务点检管理等
10	电气点检工程师	燃运电气设备点检管理等
11	金属监督专责	金属监督管理等
12	金属监督专责	金属监督管理等

（四）定周期

制订设备的点检周期，按分工进行日常巡检、专业点检和精密点检。有的点可能每班检查，有的则一日一查，有的数日一查、一周一查或一月一查等，根据具体情况确定。

点检周期是指在正常的情况下，在确保安全、可靠、经济的前提下，从这一次对设备上指定的检查点进行点检，到下一次再进行点检时的时间间隔。故对于设备上估计的故障部位、项目、内容点，均要有一个明确的预先设定的点检周期，并随着点检人员素质的提高和经验的积累，进行不断的修改，摸索出最佳的点检周期，以确保设备的安全运行。

正如人们的例行体检一样，医疗机构对人体的重要部位、器官进行健康保健检查时，一般也有一定的间隔，如驾驶员每年体检一次，地下矿井作业人员每半年体检一次；一般对心肺每年检查一次，对血压的检查可能就要勤一些。设备也是一样，有的项目每天、每班都要检查，如轴承温度、换向器的火花、润滑给油状况等；有的部位则几天查一次，如箱体振动、电器保护整定值的调整、仪表对零等；更有几个月或上年的，如机架变形、滑道磨损、电机绝缘老化等。

点检周期的长短的确定取决于可靠性与经济性的要求，一般要考虑以下几个要素。

1. 点检周期与 P-F 间隔有关

潜在故障-功能故障（potential failure-functional failure interval，P-F）间隔是指设备性能劣化过程从潜在故障发展到功能故障的时间间隔。潜在故障不是故障，但已经存在可感知的故障迹象，相当于人处于亚健康状态；功能故障是使设备丧失功能的故障。P-F 间隔的理论是指导确定点检周期的根据，一般而言，点检周期不应超过 P-F 间隔，而且要留出预防维修的准备时间。例如，如果 P-F 间隔为 3.5 个月，留有 0.5 个月的预防维修准备时间，点检周期起码应小于 3 个月，一般应在 P-F 间隔期内安排 2～3 次点检。

2. 点检周期与设备的安全运行有关

在正常的情况下，必须要保证设备运行安全，即设备的运行可靠性，点检周期的长短，不能超过设备功能故障发生的时间，否则，点检就失去意义了。

3. 点检周期与设备运行的生产制造工艺有关

首先，设备是为生产服务的，生产制造工艺简单，设备功能相对也就单一，点检周期可长一些；反之，产品精密，生产制造工艺繁杂，对设备要求高，点检就得勤一些，几乎每班，甚至一个 8h 的周期内要点检数次才行。其次，点检周期还与工艺的可行性有关，如旅客列车的点检，必须在停站时才能进行，这时的点检周期，就必须是这一站路程的时间，所以在火车停站时，人们经常会听到有铁路员工拿着点检锤，点检敲击机车的减震弹簧、机车轮毂等的声音。

4. 点检周期与设备的负荷、耗损有关

一般来说，负荷越大，耗损越剧烈，相对点检的周期就应该越短。

5. 点检周期的确定

在没有参考和先例的情况下，可以采取"逐点接近法"来确定点检周期。首先，人为预定一个时间来实施；其次，观察其结果是否在这个间隔期中有隐患或故障出现，如有，则缩短点检时间再试，如两次检查间平安无事，试着适当拉长点检时间实施，以观后效。

示例 4：吹灰器点检周期见表 3-6。

表 3-6 吹灰器点检周期

序号	维护项目	周期	标准	备 注
1	对吹灰枪的起吹点进行调整	6 个月	更改撞销位置后运行可靠	—
2	内管填料检查	1 周	吹灰器运行时无渗漏	吹灰时进行检查
3	吹灰器就地检查	1d	各部件完好、无渗漏	吹灰行程调整、空气阀气密性检查触发臂、阀门弹簧、阀杆卡完好、对跑车油位进行观察、摆动块和撞销是否配合
4	蜗轮减速箱检查加油	1 个月	转动灵活、无卡涩	墙式吹灰器
5	油杯检查加油	1 个月	转动灵活、无卡涩	墙式吹灰器
6	大齿轮、控制盒齿轮、棘爪组件、阀门填料室外螺纹、驱动销定位螺控、定位螺塞、配对法兰螺柱	1 个月	转动灵活、无卡涩	墙式吹灰器

续表

序号	维护项目	周期	标准	备注
7	螺纹管	1个月	转动灵活、无卡涩	墙式吹灰器
8	前支座轴承检查加油	1个月	转动灵活、无卡涩	墙式吹灰器
9	齿轮减速箱检查加油	1个月	转动灵活、无卡涩	长伸缩吹灰器
10	填料室腔内检查加油	1个月	转动灵活、无卡涩	长伸缩吹灰器
11	填料室轴承检查加油	1个月	转动灵活、无卡涩	长伸缩吹灰器
12	阀门启闭装置及拉杆加油	1个月	转动灵活、无卡涩	长伸缩吹灰器
13	螺旋线相变装置检查加油	1个月	转动灵活、无卡涩	长伸缩吹灰器
14	前支承加油	1个月	转动灵活、无卡涩	长伸缩吹灰器
15	辅助托架托轮轴承座检查加油	1个月	转动灵活、无卡涩	长伸缩吹灰器
16	齿条、配对法兰螺柱、阀门填料室外螺纹、螺塞、前支承螺栓、吹灰枪及法兰螺栓	1个月	转动灵活、无卡涩	长伸缩吹灰器

（五）定方法

根据不同设备及点检要求，明确点检的具体方法，如用感官（视、听、触、嗅）或用仪器、工具进行监测、诊断等。

示例5：吸（引）风机点检方法见表3-7。

表3-7 吸（引）风机点检方法

序号	点检项目	标准	点检方法
1	轴承箱及机壳水平、轴向、垂直方向振动值测量	各部位振幅均小于0.06mm	手持式振动仪现场测量
2	电机轴承水平、轴向、垂直方向振动值测量	各部位振幅均小于0.06mm	
3	吸（引）风机主轴承温度检查	轴承温度小于65℃	
4	吸（引）风机电机轴承温度检查	轴承温度小于65℃	
5	风机控制油站流量检查	适量	SIS系统查看
6	风机电机油站流量检查	适量	
7	风机控制油站冷油器清污	换热温差大于5℃	
8	风机电机油站冷却器清污	换热温差大于5℃	
9	风机油站控制油压与润滑油压检查调整	控制油压控制在2.5～3.5MPa，润滑油压控制在0.4～0.6MPa	查看现场仪表，根据设备实际运行情况决定调整数据
10	电机油站润滑油压检查调整	润滑油压控制在0.2～0.4MPa	
11	风机油站滤芯清理或更换	滤网前后压差小于0.4MPa	SIS系统查看

续表

序号	点检项目	标准	点检方法
12	风机电机油站滤芯清理或更换	滤网前后压差小于0.04MPa	SIS系统查看
13	冷却风机滤网检查清理	滤网表面清洁	现场检查
14	风机叶片探伤	表面着色检查无裂纹和砂眼等	停止设备运行并解体后进行金属探伤
15	轴承箱支撑环焊道检查	表面着色检查无裂纹和砂眼等	
16	风机、电机油站润滑油化验	检测油运动黏度、酸值、杂质、水分等符合此润滑油要求	每月取样一次交由化验室
17	风机控制油站、电机油站更换润滑油	油站油位高于1/3	现场察看
18	风机控制油站、电机油站补油	油站油位低于1/3	

（六）定量

在点检的同时，把技术诊断和倾向性管理方法结合起来，对有磨损、变形、腐蚀等减损量的点，用劣化倾向管理的方法进行量化管理，逐步达到通知维修的要求，实行现代设备技术同科学管理的统一。

示例6：一次风机电动机振动超标。

某台机组小修结束，一台一次风机电动机带负载投运后，点检员发现其振动值超标，标准值为0.085mm，实际运行值由0.095mm逐步增加到0.13mm。根据设备劣化的量化管理，将其投入备用。

在设备部的安排下，由锅炉专业牵头，电气专业配合，同时请厂家人员、电科院人员对其进行振动技术诊断，并进行劣化倾向分析，最确定振动原因是共振引起，经更换备用电动机、动平衡校验后，振动合格。

（七）定业务流程

明确点检作业的程序，包括点检结果的处理程序。业务流程应包括日常点检和定期点检，发现的异常缺陷和隐患，凡急需处理的由点检员通知维修人员解决，其余的列入正常维修处理。

示例7：点检作业的程序。

锅炉点检员按照"上午现场点检、下午设备管理"的原则安排时间。点检员一天的时间安排如下：

（1）8：00—8：30。点检员打开电脑，分别进入缺陷管理系统、SIS系统、D7I系统查询，了解前一天的生产操作及设备缺陷情况。

（2）8：30—8：45。各专业组碰头会，点检长安排一天的工作。

（3）8：45—9：00。安排联系检修工作，发放工单。

（4）9：00—11：30。现场点检。

（5）11：30—12：00。整理点检数据，安排处理异常。

（6）14：00—16：00。检修工作现场检查、监督、验收，设备试运等。

（7）16：00—17：00。点检数据上传、设备台账、点检日志的填写以及其他日常工作。

（八）定行为规范

做到定点记录、定标处理、定期分析、定向设计、定人改进、系统总结。

二、点检计划的制订

点检计划是指点检人员实施点检作业的计划、由点检人员在点检作业前根据点检标准进行编制，作为日常点检和定期点检的标准化作业的内容。

1. 点检计划编制的依据

点检计划的编制是专职点检员的重要工作。虽然点检工作的对象设备是不变的，但随着生产的不断进行，设备状态在不断地变化，重点的劣化部位也在变化，所以，点检的项目、周期、方法等也要跟着变化。

点检计划编制的依据是点检标准。

2. 点检作业流程图

点检的作业流程是指点检定修业务进行的程序，也称点检工作模式，即点检员进行计划、实施、检查、改进的 PDCA 工作循环。

点检流程图是点检作业进行的程序语言，它代替了上下、横向之间的业务关系，完全改变了传统管理，即行政指令性管理和指挥模式，按科学的程序进行管理。它的作业流程为：计划（根据标准编制的作业表、计划表）→实施（确认设定点的状态、记录结果、异常苗头的发现及调整处理）→检查（计划表的执行情况、信息传递、研讨、整理分析）→反馈（核对计划、标准），并提出修正、修改意见，改善点检作业过程中的各种条件，提高点检管理水平和工作效率。典型的点检作业流程图如图 3-3 所示。

3. 点检员的日点检计划

点检员要坚持每天上午 2～3h 的设备点检作业。点检作业必须严格执行点检计划。点检计划的编制要领如下：

（1）分管 A 类设备中的主设备（指锅炉、汽轮机、发电机、主变压器等）的本体部分要求每天进行点检。

（2）分管 A 类设备中的其他设备要求每周至少检查一次。

（3）分管设备的 B 类设备要求每周至少检查一次。对于重要辅机，每天进行一次良否点检，每周中有一天是倾向点检。

（4）计划安排时，尽量把靠近的设备安排在同一天检查，以使点检路线最短，达到提高工作效率的目的。

日点检计划编制表见表 3-8。

表 3-8　　　　　　　　　　　　　日点检计划编制表

点检日期	计　划　项　目
周一计划	（1）A 类设备中主设备（全部项目）； （2）A 类设备中其他设备（全部项目的 1/5）； （3）B 类设备（全部项目的 1/5），重要辅机需每天进行点检
周二计划	（1）A 类设备中主设备（全部项目）； （2）A 类设备中其他设备（全部项目的 1/5）； （3）B 类设备（全部项目的 1/5），重要辅机需每天进行点检

点检日期	计 划 项 目
周三计划	(1) A 类设备中主设备（全部项目）； (2) A 类设备中其他设备（全部项目的 1/5）； (3) B 类设备（全部项目的 1/5），重要辅机需每天进行点检
周四计划	(1) A 类设备中主设备（全部项目）； (2) A 类设备中其他设备（全部项目的 1/5）； (3) B 类设备（全部项目的 1/5），重要辅机需每天进行点检
周五计划	(1) A 类设备中主设备（全部项目）； (2) A 类设备中其他设备（全部项目的 1/5）； (3) B 类设备（全部项目的 1/5），重要辅机需每天进行点检

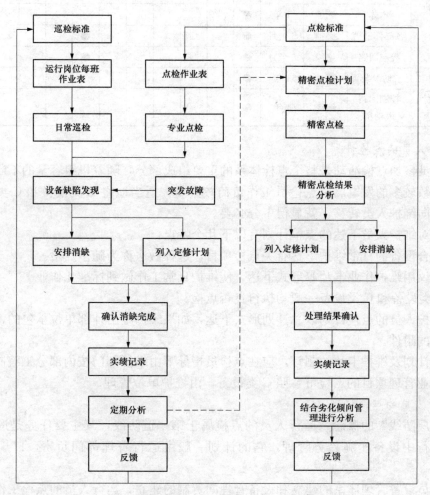

图 3-3 典型的点检作业流程图

4. 点检员的精密点检计划

精密点检计划来源于三处，一是对 A 类设备的状态诊断（含技术监督）；二是对 B 类设备的状态诊断；三是设备劣化倾向管理要求做的项目。

根据设备关键部位（零件）的检查和倾向管理需要，由专职点检员编制计划，并委托维修技术部门进行精密点检，把测定的数据书提供给专职点检员。表 3-9 为磨煤机精密点检计划表示例。

表 3-9　　　　　　　　　　　　　　　磨煤机精密点检计划表示例

专业	电气	设备名称	磨煤机电动机													
序号	点检部件	点检部位或项目	点检内容	点检周期	月份											
					1月	2月	3月	4月	5月	6月	7月	8月	9月	10月	11月	12月
1	磨煤机电动机	电动机本体	绝缘	1个月	●	●	●	●	●	●	●	●	●	●	●	●
2	磨煤机开关	支持绝缘子	绝缘	6个月	●						●					
3		绝缘拉杆	绝缘	6个月	●						●					
4		本体	绝缘	1年	●											
5		各部件定销	磨损	6个月	●						●					
6		控制回路	绝缘	6个月	●						●					
7	开关柜	"五防"装置	测试	1年	●											
8	磨煤机润滑油泵	控制回路电动机	绝缘	1年	●											

5. 维护人员的点检计划

维护人员参加点检活动是整个点检体系的重要组成部分，随着机组容量的不断增大，尤其是机组台数较多的发电厂，点检员工作负荷较繁重，适当地将 B 类设备和 C 类设备的日常点检工作向维护人员转移，就显得十分必要。

点检员对维护人员下达的点检计划有以下几个特点：

（1）结合设备的日常维护下达有关点检项目，这种做法称为随手点检。

（2）建议用维护作业卡片等形式下达，使维护日常工作做到标准化作业。

（3）B 类设备和 C 类设备一般均执行良否点检。

（4）维护人员的点检计划以总计划形式下达，如果维护是由外部单位承包的，总计划作为承包合同的附件。

（5）分计划及维护卡片的制订，应在点检员指导下由维护部门按内部分工编制。

（6）物业管理项目的点检可参照 C 类设备，由维护单位管理。

6. 运行人员的点检计划

按"五层防线"的概念，运行人员的点检属于第一道防线，其主要任务是巡视全部设备，并对运行中设备实施趋势管理，它的计划一般由运行管理部门负责，以规程的形式出现。

综合全员设备管理体系的建立和设备管理问责制的建立，运行人员的点检工作应贯彻与点检员的协同作战原则，设备管理和运行管理两个部门应按照点检优化的原则进行必要的整合。这两个部门的点检工作既有明确分工，又密切合作。

三、点检的组织分工

1. 设备点检组织的结构与定员

设备点检组织成员日常的工作一般是上午进行点检，下午整理记录及开展管理业务；所以，其工作性质与生产操作方、设备检修方不同，他们应该属于管理方。在设备业务链中，设备点检员处于核心地位。鉴于点检的责任重、业务难度大，其骨干又都是经过专门挑选和培训的思想作风好、技术素质高、协调能力强、富有经验的新一代现代企业员工，从定员来讲，一般都偏紧。

一个点检作业区，视其设备的状况，应设置汽轮机、锅炉、电气等的专业点检人员，每个专业由一位专业主管（点检长）带领，专业主管的管理范围不大于 50 人。以锅炉专业主管为例：下设本体、辅机、公用系统等点检小组，每个点检小组由一位设备工程师带领，一般一个点检小组由专职点检员 3～5 人组成。

2. 设备点检组织成员的点检工作量

一般每天每个专职点检以 2～2.5h 的实际点检作业工作量为最佳，这个量大约是一个熟练点检工在规定的时间里能够较好地完成点检计划设定的 150～200 个的点检部位。

3. 设备点检组织设计要考虑的其他要素

专职点检人员既是点检作业的实施人员，又是管辖区设备的管理员。为了有利于点检人员开展设备管理业务，不可把区域划分过大或过小，以利于点检横向关系的协调。对维修费用的预算，应确保核算维修成本方便。

4. 运行人员日常点检的组织结构

运行人员日常点检时贯彻"谁操作、谁点检"的原则，所以，运行人员的日常点检的组织结构是与生产系统的作业管理的组织结构一致的；仅仅是日常点检的业务和分工协议由该作业区的专职点检人员牵头，协商办理，双方努力把该作业区的设备维护好，确保生产线运行可靠。

5. 对各类人员的点检要求

在全员参与的设备管理体系中，各类人员都要做到尽职尽责，发挥各自的作用，由于各人所处工作岗位的性质不同，其对点检活动的参与和要求也有所不同。

表 3-10 列出了各类人员的点检要求。

表 3-10　　　　　　　　　　　　各类人员点检要求

参加人员	点检对象	点检方式和手段	点检目的和要求	备注
运行人员	A 类设备	良否点检和倾向点检，以倾向点检为主	(1) 掌握 A 类设备微小变化趋势，及时发出预警信号。 (2) 以保护设备为首要任务，杜绝为了保发电而违章的任何运行方式和操作	主设备一般应每隔 1～2h 巡视一次，其他 A 类设备可适当增大间隔
	B 类设备（未受控）	日常巡视要加大倾向点检的要求	对实时数据，要及时分析，有变化时应及时通知点检人员	重要辅机一般应每隔 1h 巡视一次
	B 类设备（已受控）	以良否点检为主	发现运行实时数据有明显变化时，应及时通知点检人员	重要辅机每 2h 巡视一次
	C 类设备	良否点检	无特殊要求的设备，进行一般的巡视，仅作良否点检	每班应全面巡视所有设备一次，白班人员可以不作巡检（要求维护人员在此时间内安排良否点检）

参加人员	点检对象	点检方式和手段	点检目的和要求	备注
点检员	A类设备	倾向点检	(1) 查阅前一晚上实时数据的运行记录，发现微小变化，务必跟踪分析，实行倾向管理和趋势分析。 (2) 按点检标准对当天的点检计划无遗漏地进行认真点检。 (3) 编制年修中的精密点检计划并亲自参与。 (4) 编制月度精密点检计划	
	B类设备（未受控）		(1) 编制设备劣化倾向管理计划，并安排在定修时做好精密点检。 (2) 平时有计划地作日常跟踪点检	
	B类设备（已受控）		按点检计划实施点检	编制标准化维护计划和措施，实施无故障运行管理
	C类设备			对外包设备重点放在经济管理上
维护人员	A类设备	良否点检	(1) 平时从"四保持"和"4S"（整理、整顿、清洁、清扫）活动出发进行以良否点检为主要形式的巡视。 (2) 发现疑点，应立即通知分管设备点检员	发现"四保持"和"4S"有问题时，应组织立项进行处理。平时实行自主维护和随手点检及随手消缺
	B类设备（未受控）	倾向点检为主，良否点检	(1) 平时开展以"4保持"和"4S"管理为中心的点检活动。 (2) 发现实时数据有变化时应及时地通知点检员。 (3) 参加劣化倾向管理，配合实施精密点检	按劣化倾向管理计划执行
	B类设备（已受控）		(1) 平时开展包括日常巡视、"四保持"和"4S"活动的标准化维护活动。 (2) 发现问题及时通知点检人员	
专业化检测人员	A类设备	倾向点检、精密点检、定期试验和技术诊断	(1) 按精密点检计划、定期试验计划和劣化倾向管理计划对设备开展精密点检和测试，作技术诊断的分析，提供试验报告，重点提出被检验设备能否在下一个年修周期内保持可靠运行。	参加人员可以是外委、外协人员，也可是本厂人员，这些人员包括所有参与技术监督、定期试验和状态诊断的人员

参加人员	点检对象	点检方式和手段	点检目的和要求	备注
专业化检测人员	A类设备	倾向点检、精密点检、定期试验和技术诊断	（2）分析劣化倾向，提出预防进一步劣化的措施和意见。 （3）提出试验报告和相应的改进意见	参加人员可以是外委、外协人员，也可是本厂人员，这些人员包括所有参与技术监督、定期试验和状态诊断的人员
	B类设备	倾向点检、精密点检和定期试验	（1）按有关计划参与作全面技术诊断，提出技术诊断报告，重点分析该被检查设备的寿命周期。 （2）提出辅机试验报告和相应的改进意见	参加人员可以是外委、外协人员，也可是本厂人员，这些人员包括所有参与技术监督、定期试验和状态诊断的人员

任务 3　日　常　点　检

【教学目标】

1. 能讲解日常点检的作业内容。
2. 能理解日常点检的十大要素。
3. 能清楚日常点检的业务流程。
4. 会运用日常点检的方法和技巧。
5. 能领会日常点检要点。

【任务工单】

学习任务	日常点检					
姓名		学号		班级		成绩

通过学习，能独立回答下列问题。
1. 什么是日常点检？什么是日常点检的十大要素？
2. 日常点检的业务流程是什么？
3. 日常点检的作业内容主要包括哪些？
4. 什么是清扫？清扫的方法是什么？
5. 什么是整理和整顿？
6. 什么是"五感"点检？其主要内容主要有哪些？
7. 用"五感"点检判别检查点良否的主要指标有哪些？
8. 故障点寻找的方法和原则是什么？
9. 日常点检应遵循的基本原则主要有哪些？
10. 日常点检要点主要包括哪些？

📖【任务实现】

日常点检是设备点检管理的第一层防护线。

日常点检包括运行人员的巡回检修和维护人员的定期日常维护，是由运行人员和维护人员根据专业点检员制定的标准和线路定时完成设备日常巡检和维护工作的设备检查方法。

日常点检也要以"八定"的思想和理念去完成。

日常点检主要检查设备的压力、温度、流量、泄漏、给油脂状况、异声、振动、龟裂、磨损、松弛十大要素。日常点检的内容主要是清扫、加油、紧固、调整、整理和整顿、简单维护和更换。

一、日常点检的业务流程

日常点检的业务流程是指点检人员进行日常点检计划、实施、检查、修正反馈的 PDCA 工作循环步骤。日常点检业务程序如图 3-4 所示。

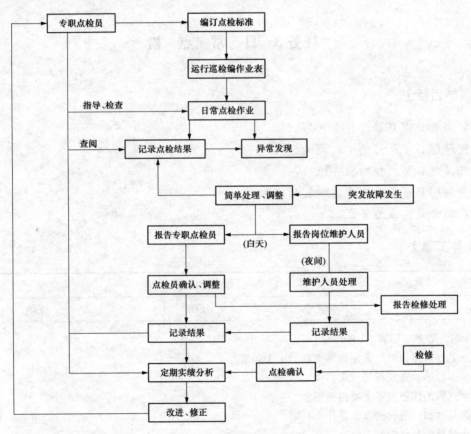

图 3-4　日常点检业务程序

日常点检是指在设备运行期间，及时发现设备异常、排除小故障的检查活动和检修，维护人员按点检员制定的检查标准进行的定期检查和按点检员制定的设备维护保养标准进行的定期维护，使设备处于安全稳定运行水平的设备检查维护活动的管理方法。

设备点检管理的第一层防护既包括运行人员或设备维护人员的日常点检，还包括点检员委托项目维护部的设备日常维护保养。

二、日常点检的作业内容

（一）清扫

1. 清扫的含义及其作用

清扫是指仔细地擦去设备上的灰尘与污物。

机械的滑动部位与油压系统、电气控制系统，常常由于灰尘和污物而引起设备磨损、阻塞、泄漏、动作失灵、通电不良和精度下降等，并进而发展成为设备的突发故障，通常将这种现象称为设备的强制劣化。为防止这种强制劣化，首先必须经常注意对设备进行定期的彻底清扫。设备清扫不能仅局限于表面的部位，还要擦净设备的每个角落，使设备的磨损、松动、伤痕、变形、裂纹、温升、振动和异声等潜在的缺陷表面化，以便及时对所发现的这些问题进行妥善处理。对长期不清扫的设备进行彻底清扫，一台设备有时能发现近百个潜在缺陷，还能发现螺栓折损和台架、箱体龟裂等设备内在隐患。

所以说，清扫并不单纯是为了干净，更重要的是通过对设备各个部位、角落的清扫、抚摸、观察，使设备的潜在缺陷或损坏及温度、声音等异常情况易于发现。清扫是日常点检活动的最基本的工作。

整洁是设备可靠运转的基本条件。清扫的确认要点见表 3-11。

表 3-11　　　　　　　　　　　　清扫的确认要点

项目	确　认　要　点
机械本体的清扫	(1) 有没有垃圾、灰尘、油污、铁屑、异物附着等。 1) 滑动部、产品接触部、定位部等； 2) 框架、工作台、运输机、搬运部、溜槽等； 3) 机具、模具等设备一体的安装物。 (2) 有没有设备螺栓、螺钉等的松动、移位。 (3) 滑动部、机具安装部等有没有异声
附属机器的清扫	(1) 有没有垃圾、灰尘、油污、铁屑、异物附着等。 1) 油压缸、螺线管、定值设定； 2) 微型开关、限位器、接近开关、光电管； 3) 电动机、皮带、罩周围； 4) 仪表、开关、控制箱外面等。 (2) 有没有螺栓、螺钉等的松动、脱落。 (3) 螺线管、电动机有没有拍音
润滑状况	(1) 加油器、油杯和机器加油处等有无垃圾、灰尘、油污等。 (2) 油量、滴下量是否合适。 (3) 加油口是否有盖。 (4) 加油配管是否干净，是否漏油
机械周围的清扫状况	(1) 在指定场所，工具类是否整顿，有无次品、损伤。 (2) 在机械本体上是否有多余的螺栓、螺钉等。 (3) 各标签、铭牌等是否干净、容易看。 (4) 透明罩上是否有垃圾，灰尘。 (5) 各配管是否干净，有没有泄漏。 (6) 机械周围有无垃圾、灰尘。 (7) 产品、零件等有没有下落。 (8) 没用的东西是否清除。 (9) 良品、不良品、废材等能否用眼区分

续表

项目	确　认　要　点
垃圾、灰尘、漏油等的发生源对策状况	(1) 垃圾、灰尘、漏油等的发生源在一览表中归纳了没有。 (2) 垃圾、灰尘等的发生源的对策处理进行了没有。 (3) 是否对漏油采取了对策。 (4) 对残留问题是否有计划。 (5) 在对策以外是否残留发生源
清扫困难场所的改善状况	(1) 清扫困难场所是否归纳在一览表中。 (2) 为了便于清扫，盖罩等的拆卸改善了没有。 (3) 有无对残留问题的计划。 (4) 在对策以外，是否残留清扫困难场所。 (5) 为了容易清扫，是否进行整理、整顿
清扫基准的内容	(1) 是否分设备、场所等制定清扫基准。 (2) 清扫的分工是否确定。 (3) 清扫区和场所是否划分。 (4) 方法、工具是否确定。 (5) 清扫时间、周期是否确定。 (6) 内容明确，是否谁都能看懂。 (7) 清扫时间是否合适。 (8) 是不是在这段时间内能进行的内容。 (9) 清扫的重要项目是否列全。 (10) 是否有在不重要的场所花费太多时间的内容。 (11) 能一边清扫一边进行，点检的要点是否记住

2. 清扫方法

(1) 第一阶段：初期清扫。初期清扫的目的主要是提高生产操作人员对设备的关心程度和爱护设备的热情。通过清扫、检查，使操作人员逐渐熟悉设备，建立起爱护环境的习惯，产生不愿再把好不容易打扫干净的设备弄脏的思想，同时也会逐渐发现并提出如下问题：

1) 这里有垃圾和灰尘，会有什么影响？

2) 这个脏污的发生源在何处？如何预防？

3) 有无轻松的清扫办法？

4) 有无螺栓松动、部件磨损等不良之处？

5) 这个部件是起什么作用的？

6) 这里发生故障，修理时费力不费力？

这些问题的发现及提出，并循环往复地进行，通过大家讨论，就会萌发自主管理的意识；同时，通过清扫的实践，思考实际行动中产生的问题，并将结果同下次行动联系起来。这是项很重要的教育培训，一方面，操作人员完成了清扫工作；另一方面，又使他们明白保持设备整洁的重要性和维护整洁的方法，逐渐培养起自觉的管理意识。

(2) 第二阶段：研究发生源、困难点的对策。初期清扫越辛苦，就越能珍惜自己的劳动成果，防止设备再脏污，从这种心情出发，就会对如何改进产生兴趣。例如，尽管多次清扫，但很快又脏污了，就会感到在清扫上花太多的时间实在划不来，于是促使自己想办法彻底解决。又如，好不容易发现和处理好的设备缺陷，很快又发生了，这就促使点检方面下决心，采取彻底的对策，由此就会产生改进设备的想法或建议，并进一步产生实质性的改进对策及改进效果。而真正实现了改进效果，就会给自己带来欣慰和喜悦，进而对更大的改进充满勇气和信心。

1）垃圾、脏污、异物的危害和发生源的对策。经过第一阶段的清扫，熟悉了垃圾、脏污及异物产生的起源，明白了它们对设备和产品质量的影响。为了提高效率，缩短清扫时间和减少工作量，隔绝其发生源是一个基本对策，如用盖子、防护罩、密封箱（柜）等来防止污物的散发和飞扬。

2）困难场所的对策。在不能完全隔离发生源的地方，有必要改善作业环境和作业方法，从而缩短清扫时间和减轻其难度。

（3）第三阶段：制定基准。从第一、二阶段活动中取得的经验，生产工人应明确自己所分管设备必须具备的基本状态和允许清扫时间，并按"5W1H"［何因（why）、何事（what）、何地（where）、何时（when）、何人（who）］的方法，自行制定管理标准。应注意以下几点：

1）必须遵守的事项和方法要明确。

2）要让大家明白为什么必须遵守，不遵守会造成什么后果。

3）使每个人掌握力所能及的技能。

4）创造能遵守的环境。

（二）加油

加油是指应及时加满设备的充油部件和使相对运动机件间始终保持良好的润滑状态。

设备不加油则不能维持正常工作，然而，往往由于工作上的疏忽，生产现场出现加油喷嘴和加油器具缺油，并在其周围积聚灰尘和污物，导致设备缺乏必要的润滑与冷却，致使温升激增，造成设备发热胶合等突发故障。另外，也会加速设备相对运动部件的磨损，温度上升所引起的设备某部位劣化，其影响可能逐步扩展到整台设备，成为诱发设备产生各种故障的原因。如果不注意管理，就会出现故障，可能造成管理疏忽的原因如下：

（1）没有向责任者说清楚润滑的原理和加油的重要性，以及不加油会造成什么后果。

（2）加油基准（加油点、油种、油量、周期和机具）规定得不完全、不具体或条件不具备。

（3）油种和加油点过多，工作量太大，忙不过来。

（4）没有给加油规定必要的时间。

（5）不易加油的点较多，环境太差，工具不适用。

加油的确认要点见表3-12。

表 3-12　　加油的确认要点

序号	确　认　要　点
1	润滑油的保管容器是否盖着盖
2	润滑油保管场所的整理、整顿、清扫是否搞好
3	应加的油是否准备好
4	有没有缺加油标签和标签难看到的设备
5	加油器是否内外都干净，油量容易看到，正常工作
6	自动加脂器、自动加油机器是否正常工作
7	在容器中加入油脂、油，加油系统中是否有异常

序号	确　认　要　点
8	润滑脂、润滑脂杯、油杯是否正常工作
9	加油后，油是否从回转部的间隙中正常流出
10	是否在回转部、滑动部、驱动部（链等）有油气，多余的加油是否给设备带来污染
11	加油基准——油种、频度、周期、分工是否合适

（三）紧固

紧固是指防止设备连接件松动与脱落。设备中用以防止连接部位相互松动与脱落的紧固体，常用螺栓与螺母。在设备使用过程中应经常检查，一旦发现松动应及时加以紧固，否则机械连接部位松动就会引起振动，严重时会降低设备原设计的装配精度。一组螺栓、螺母松动所引起的振动，往往会波及其他连接件，即使小振动如不及时加以紧固，也会产生设备大的振动，最后很可能发展成为设备的一种故障，如连接件的折损、脱落，往往就是受这种振动影响的结果。实际生产中也确有这种情况，某公司彻底检查设备，分析产生故障的原因，发现有 60% 是由不同形式的螺栓、螺母缺陷引起的。螺栓与螺母的松动在设备的潜在缺陷中占有相当大比例，不容忽视。

为了减少松动造成的故障，防止振动，在安装时可把主要的螺栓打上对照标记，以便在清扫时及时检查松动情况。

（四）调整

简易的调整作业是运行人员必须具有的技能和具体实施的内容。及时对机件运行动作及其工作条件进行适当调整是必要的，也是运行人员合理使用设备、正确操作设备不可缺少的一环。调整不但能使设备运行处于最佳状态，而且能避免设备隐患的扩大和劣化的延伸。例如传动皮带的打滑调整，运输皮带的跑偏调整，限位开关的距离调整，制动器的制动力大小调整（即弹簧的松紧和制动间隙的调整）以及设备工作环境的温湿度控制调整等。

（五）整理和整顿

1. 整理和整顿标准化

整理和整顿是现场管理的基础。所谓整理，就是明确管理对象，确保堆放场所有效利用，对物品的堆放、管理方法等，应制定管理标准，这主要是管理者的责任。因此，一定要做到简化、改善管理对象。

所谓整顿，就是遵守、执行制定出的标准，这主要是操作工的责任。因此，一定要通过小组活动明确标准，并认真执行标准。

加强整理整顿，就是简化、改善管理对象，遵守管理标准，将现场的所有物件加以标准化，以便用肉眼进行管理。

2. 运行人员任务的整理

运行人员的任务，除了创造基本操作条件和设备运转日常点检以外，主要是操作任务。运行人员的整理就是要明确各项操作任务，正确掌握各种操作方法和发现问题及处理问题的程序，分析问题产生的原因等。

3. 整理、整顿的对象

现场除了设备以外，还有工器具、材料、测定工具、搬运工具、辅助机器装置、辅助物资等。为了早期发现并及时处理异常，必须经常在现场放置一些物件。但必须合理存放，便于搬运和保管，保证按质按量及时供应，消除现场发生的损失。

（六）简单维修和更换

简单的小维修由运行人员来完成。对于设备的正常运转来说，运行人员熟悉设备、掌握设备是一个有效的措施。这样做可以使运行人员站在管理好设备的立场上来完成生产任务。如挡板、挡块、撞针、软管、油嘴、皮带运输机托辊等的维修和更换，都可以由运行人员来做。

三、日常点检的方法与技巧

（一）"五感"点检的主要内容与要求

"五感"点检就是依靠人的五官，对运转中的设备进行良否判断。通常对温度、压力、流量、振动、异声、动作状态、松动、龟裂、异常及电路的损坏、熔丝熔断、异味、泄漏、腐蚀等内容的点检。

在"五感"点检过程中，如已发现了松动和变化时，在确认可以实施恢复和力所能及的前提下，应该予以紧固与调整，并记录在案，及时地向专职点检员报告、传递信息。

（二）日常点检的具体技巧

1. 日常点检项目的确定

按设定的日常点检表逐项检查，逐项确认。

2. 点检结果

点检结果按规定的符号记入日常点检表内，在交接班时交代清楚并向上级报告，对发现的异常情况，处理完毕则要把处理过程、结果记入作业日志；对正在观察、未处理结束的项目，必须连续记入符号，不能在未说明情况下自行取消记号。每班的点检结果，点检员都要认真地确认、签字。

3. 不同要求的三种点检

根据不同岗位，不同要求，一般每个作业班都要进行以下三种点检。

（1）静态点检：要求逐项进行；

（2）动态点检：不停机点检，要求做到逐项逐点进行；

（3）重点点检：随机进行，重点部位认真检查。

一个班的点检作业，可能要分几次点检。因此，在进行操作检查时，要事先设定好，遵守设备日常点检的点检路线是极为重要的。其一，可以避免重复点检，提高点检效率；其二，可以防止点检项目漏检，保证点检的到位。

4. "五感"点检——检查点良否判别

（1）振动。人体对振动的感觉界限一般在单振幅为 $5\mu m$ 时，就不容易感觉到。当一台 $15\sim90kW$、$3000r/min$ 的交流电动机安装在牢固的基础上时，其单振幅允许在 $50\mu m$ 以下。用手感判别振动，可以用一支铅笔，笔尖放在振动体上，如果垂直放置的铅笔，激烈地上下跳动，而且向前移动时，就有超值的可能，需要进一步用专用振动测定仪测定其振动值。

用手感判别振动良否，可以采用比较法来确定，因此对新安装设备的原始振动手感度（或用铅笔跳动法）的把握是很重要的。

另外，还可以通过用同规格的设备相互比较的方法，来确定振动是否存在差异。总之，经验判别方法很多，这对生产操作的日常点检尤为重要。

（2）温度。半导体温度计可以测定设备的温度变化，此法多数用在新安装或修理完毕需要观察温升的情况下。在日常点检的过程中，往往采用手指触摸发热体来判别温升值是否属于正常。

手指触摸判别温度的技巧是：用食指和中指按在被测的物体点上，根据手指按放后人能忍受时间的长短，来大致判断物体的温度。表 3-13 提供的参数仅供参考，因为各人的皮肤质感及季节的不同对温度的感知会有所差异，最好先在盛器内存放热水，用温度计测出水温，进行实地练习，记牢在某一温度下所能承受热感的时间。

表 3-13   人体触感所能承受热感的时间参考

设备点的温度	触摸忍受时间	设备点的温度	触摸忍受时间
50℃	1min 以上	70℃	2s
53℃	约30s	75℃	1.5s
55℃	10~12s	80℃	1s
60℃	5s	85℃	0.5s
65℃	3s		

注 在室温 $T=20$℃条件下，因人而异。

（3）松动。

1）用目视法观看螺栓是否松动。一般在紧固的螺栓上，总会黏有油灰，在松动的螺栓上沉积的油灰，形态有别于未松动的螺栓，往往会出现新色、脱落的痕迹。

2）用点检锤敲击被检查的螺栓。若敲击声出现低沉沙哑的情况时，同时观察螺栓周围所积的油灰出现崩落的现象，基本上能判断出是否存在松动现象。对存有怀疑的螺栓用扳手紧固确认。

3）最好在螺栓紧固时，用有色油笔在螺栓和固定底座之间画一道细细的直线。再次点检时，如发现螺栓和底座之间的直线已经对不准了，即说明螺栓振松了。

（4）听声。对转动的设备是否存在缺油、断油、精度变化，可以用测听声音的办法来判别其状态，常用的是听声棒。判断的正确率，取决于个人的经验，因此对生产操作日常点检人员来说要对新安装的设备不断地测听，熟记该设备转运时所发出的特征音。

听声技巧如下。

1）使用听声棒测听时，听声棒前端要形成半径为 1.5mm 的圆形头。另一端要形成一个直径不小于 15mm 的圆球。听声时要注意：该圆球要安放在耳孔外的凸起处，不要直接放在耳孔内，以防发生意外而损伤耳膜。

2）轴承的正常转动声音是均匀、圆滑的转动声。若出现周期性的金属碰撞声，提示轴承的滚道、保持架有异常。当出现高频声，则往往是少油、缺油现象，应结合温升进行综合判断。对电动机的磁气声判别：正常的磁气声是连续的、轻微的、均匀的沙沙响声。有异物进入定转子的间隙时或者偏心时，不再出现这种美妙的连续声。

3）要鉴别某一频率的声音时，一定要集中思想，要专心地捕捉这一频率特征的声音，这样当其他频率的声音波进入耳中时才会被滤掉。

听声，很大程度是要靠经验。所以，有的老工人还未进车间，已经能听到机器设备有异声，估计出可能是什么毛病了。

（5）味觉。通常很少用"尝"的方法，因要进入口中，故要十分谨慎，除非在特殊场合，如电化学、化学范畴，急需鉴别酸性和碱性时，特别有经验的人员在确保对身体无妨的前提下，方可实施。

5. 电气和仪表日常点检的技巧

温度、湿度、灰尘、振动是影响电气、仪表性能发挥的主要因素，故用"五感"点检也能做一个大致的判断，详见表 3-14。

表 3-14   "五感"点检范围

电气、仪表项目		表面灰尘损伤	电气接触	温度	湿度	振动	异声	泄漏	指示计记录计	磨损
手	触摸、推、拉、敲击	*	*	*	*	*		*	*	*
鼻	嗅			*				*		
耳	听		*				*	*		
眼	观察	*	*	*	*	*	*	*	*	*

注   * 表示执行。

（1）灰尘堆积处、沾污部位以及外观损伤处，往往是故障多发点。仪表盘处于非工作状态时，对这些部位进行"五感"点检。

（2）大量使用接插件及接线端子的仪表系统，同样存在接触状态是否可靠的隐患，日常点检时，也要列入重点检查范围，其技巧如下。

1）用手拉、推、摇，一般能检查紧固接插件的弹簧是否脱落，螺钉是否松动，接线端螺钉是否紧、松等。

2）用耳听，一般可检查接触端子是否有轻微的放电声音，插座或继电器是否有不正常的跳动声。

3）用眼观察可发现接线脱落、紧固继电弹簧脱落等。

4）以手触摸发热体，依据停留时间长短，大致判断物体的温度。另一种比较粗略地估计温度高低的方法，是利用人的面部感觉来判别仪表箱体内温度的高与低，以及判断高于100℃的物体，如电烙铁、大功率线绕电阻等。需要注意的是：只能靠近，不能接触。

5）仪表盘通常不应产生振动，当存在振动时，一般是由周围物体的振源传递而来，因此要首先检查振源、仪表与机架的安装情况。调节阀润滑不良，全行程中存在卡壳时，也会发生振动。

6）电气、仪表在用"五感"进行点检时常常配以简单的工具，如螺钉旋具、万用表、验电笔、扳手等。

6. 故障点寻找技巧

寻找故障发生部位是技术、经验、逻辑思维的结合。

（1）方法。

1）对发生故障的系统，逐级进行检查。

2）根据故障现象和故障显示，进行重点针对性检查。

（2）原则。

1）当系统中出现一个以上故障现象，在寻找时也应从只有单个故障部位的角度考虑。

2）不要急于变动系统的可调部分。如设定值、可变电阻、电位器等，均应保持在故障发生前的状态，以防混淆或扩大故障现象。

3）当更换插件板，确定故障时，要逐块更换。

4）必须杜绝多人指挥，实行一人负责，分工查找。

5）动手检查前，应先检查是否断路、短路、接触不良，执行机构的气源、液压源压力是否正常，熔丝、电源是否正常。

四、日常点检的要点

1. 落实运行人员点检

运行人员的日常巡检，工作量大，连续性强，是点检工作的重点，也是点检制的基础。这部分点检，按照规定的点检项目和科学的巡检线路，天天循环往复地进行。做好这项工作的关键是严格执行日常点检业务程序，同时，要求生产操作工人应具有较高的素质，成为"技术型"和"管理型"的生产工人。

日常点检应遵循的基本原则：

（1）按点检表的项目逐项检查，逐项确认。

（2）确认无问题的，要标明规定符号；未经检查的，不得盲目做标记；有问题的，要注明有问题的规定符号并记载检查说明，向下一班交代清楚，并向上级报告。

（3）凡是记入有问题的项目，解决时要记入解决情况和效果，未解决前必须连续记入问题符号，不得在不说明情况时就自动取消。

（4）每班点检结果经确认或说明后，必须签字。

2. 日常点检确认要点

日常点检要点是指一般机械的通用性要点，如空压、蒸汽、油压、驱动、电气等方面的各种要点。日常点检要点还包括一些故障频繁的事发点，这也是日常点检人员的重点看护点。

空压、蒸汽、油压、驱动和电气的确认要点分别见表 3-15～表 3-18。

表 3-15　　　　　　　　　　　　　空压、蒸汽的确认要点

空气驱动	（1）空气压力定值设定是否正确。 （2）有没有电磁阀发热、配线松动、断线。 （3）空压缸各部有无松动，空压缸柱塞有无异物和伤痕。 （4）限速器是否正确安装（流向）。 （5）空气压缩机有无泄漏
配管和机器	（1）有没有固定螺栓松动、振动、弯曲等。 （2）有没有蒸汽、空气、水泄漏以及蒸汽排放器泄漏。 （3）不用的配管是否就地放着。 （4）软管夹紧具、接头有没有松动
阀和保温	（1）有没有阀柄脱落、破损、定位螺钉松动等。 （2）有没有阀门关不上的现象。 （3）开闭阀有无开闭障碍。 （4）有无蒸汽压、空压等压力表的污染、破损。 （5）有无配管、机器的保温物的破损、下垂
点检以及 点检基准	（1）点检的频度、周期、分工是否适应自主维修。 （2）是否考虑了安全、故障、质量方面的点检基准

表 3-16 油压的确认要点

油压单元	(1) 罐的油量是不是规定的量，有无极限值的表示。 (2) 罐的油量油位怎样，能否用手摸。 (3) 罐的冷却水是否通。 (4) 过滤器有无阻塞，表示器是不是蓝色的。 (5) 压力表的零点如何，指针有无摆动，有无极限值表示。 (6) 有无异声、异臭。 (7) 有无机器、配管松动和漏油。 (8) 在单元里有无水、油、灰、异物附着。 (9) 各机器的铭牌能否正确读出
配管高压软管	(1) 有无配管的接头部、软管部漏油。 (2) 有无固定夹具松动和异声。 (3) 在配管槽中有无积油。 (4) 有无高压软管污染、损耗
油压机器	(1) 有无机器类的破损（罩、盖类）。 (2) 有无机器类的安装松动、漏油。 (3) 压力表指针的零点如何，有无摆动。 (4) 机器类的动作是否良好。 (5) 有向压力表的计量管理室是否有记录
冲压	(1) 冲压的动作速度是否总不变。 (2) 安全阀是否在设定压力下正确地工作。 (3) 安全阀的设定旋钮的锁紧螺钉是否关闭
点检基准	(1) 点检的频度、分工是否适应自主维修。 (2) 是否考虑了安全、故障、质量方面的基准

表 3-17 驱动的确认要点

V 形皮带关系	(1) 有无表面伤痕、破损、油附着以及明显的磨损。 (2) 2 根以上的 V 形皮带的张力是否都一样。 (3) 有无异种皮带混用
辊子、链关系	(1) 在销和轴之间，润滑油是否充分布满。 (2) 是否由于链的伸长、链轮的磨损，吻合不充分
轴、轴承键、 联轴器关系	(1) 有没有由于轴弯曲、扁心，固定螺栓松动，断油等引起的轴承发热、振动、噪声。 (2) 有没有由于键、定位螺栓松动引起轴瓦的松动噪声。 (3) 有没有法兰盘联轴器振动，紧固螺栓松动
齿轮、减速机 制动机关系	(1) 有没有齿轮的噪声、振动、异常磨损。 (2) 看油表是否有规定的油量界限值的标示，是否加入了该油量。 (3) 刹车的制动状态如何。 (4) 安全罩是否和回转体接触
点检基准	(1) 点检的频度、周期、分工是否适合于自主维修。 (2) 是否考虑了安全、故障、质量的基准

表 3-18 电气的确认要点

配线	(1) 有无配管、配线、软管脱落。 (2) 有无接地线脱落。 (3) 有无塑料线、护套线破损
控制操作盘	(1) 有无电压、电流表、温度表等仪表的振动。 (2) 运转灯、表示灯有无损坏。 (3) 按钮开关等是否正确固定，有没有松动。 (4) 是否有多余的孔，开关是否好用。 (5) 盘内的配线是否维修过。 (6) 盘内有无垃圾、灰尘。 (7) 盘内有无图纸以外的东西
电气机器	(1) 有无机器类破损，有无电动机过热。 (2) 有无安装螺栓松动。 (3) 有无异声、异臭，轴承油是否好。 (4) 加热器类是否固定好。 (5) 接地线有没有脱落和断线。 (6) 有无极限开关、接近开关、光电管污损和异声（本体、安装螺栓）。 (7) 机器类的接线是否和蒸汽、油、水接触。 (8) 机器类上有无水、油、灰、异物
点检基准	(1) 点检的频度、周期、分工是否适合于自主维修。 (2) 是否考虑了安全、故障、质量的基准

3. 正确操作的执行

现代化的企业都在制定作业标准、操作标准，以使操作程序化、标准化。随着油（空）压、电气控制、仪表化技术的进步及设备的高级化、复杂化，设备的操作也趋于复杂化和简单化这样两种情况。但不管是复杂操作还是简单操作，一旦操作失误都会带来损失。因此要向操作者讲授有关设备的结构、性能及成品加工、化学变化原理等，使他们了解为什么必须这样操作以及异常处理。表 3-19 列出了运行操作的自主维修点检要点。

表 3-19 运行操作的自主维修点检要点

运行操作	(1) 运行操作及其前后的确认事项是否确定，是否进行教育训练，是否遵守：设备启动操作、条件设定操作、条件调整操作、周期变更操作、生产更换操作、非常停止操作、完工停止操作。 (2) 是否努力使运行操作方便，不易出错。 (3) 是否活用了由操作错误引起的故障数据。 (4) 是否决定了什么时候怎样调整。 (5) 有没有在安全运转时发生误动作的危险。 (6) 是否清楚地说明了对新人教育的操作事项。 (7) 是否用正确的姿势操作
异常处理	(1) 是否决定了误运行操作时的报告处理规则。 (2) 是否具体地表示了异常是什么。 (3) 是否努力使异常用肉眼容易看出。 (4) 异常时的处理方法是否决定，是否遵守。 (5) 关于上述事项是否进行教育、训练。 (6) 运行人员是否发现设备、质量、安全上的异常

设备机能	（1）柄和盘有无松动、异声，操作是否感觉笨重。 （2）操作的部分是否在容易处理的位置，照明是否充足。 （3）启动、停止的机能是否正常。 （4）各种仪表是否正常动作，有没有界限值的明示。 （5）非常停止的机能是否正常。 （6）有无异常声音、异常发热、异常振动。 （7）在阀门上有没有机能以及开闭的表示

任务4 专 业 点 检

【教学目标】

1. 能理解专业点检的内涵。
2. 能清楚专业点检的业务流程。
3. 会运用专业点检的工作方法。
4. 会实施专业点检检查。
5. 能领会专业点检检查要领。
6. 会专业点检记录和处理。
7. 能实施点检改进。
8. 能讲解专业点检规范化作业。

【任务工单】

学习任务	专业点检					
姓名		学号		班级		成绩	

通过学习，能独立回答下列问题。

1. 什么是专业点检？
2. 专业点检的业务流程是什么？
3. 专业点检的工作方法是什么？
4. 专业点检检查实施主要包括哪些内容？
5. 衡量一个专职点检员实施点检检查的水平主要从哪三个方面去衡量？
6. 点检记录包括哪两大部分？
7. 点检实绩记录主要包括哪些内容？
8. 点检实绩的分析可分为哪三个层次？
9. 点检实绩分析的内容主要有哪些？
10. 点检实绩分析的方法主要有哪些？
11. 点检处理的原则主要有哪些？
12. 点检改进与设备薄弱环节改进的要点和部位主要有哪些？
13. 规范化的设备点检方法主要包括哪些内容？

📖【任务实现】

专业点检是设备点检管理的第二层防护线。

专业点检是专职点检员按区域、按专业或按设备进行分工负责，对所负责的区域设备按点检计划、点检路线、点检标准、点检要求，依靠经验和仪器进行对设备检查和诊断活动，及时发现设备隐患和劣化的一种设备检查管理办法。

专业点检的目的是判断设备内部的状态。专职点检员靠人的"五感"或借助于简单工器具、仪器及仪表对设备重点部位详细地进行静（动）态的外观点检或内部检查，掌握设备劣化倾向，以判断其维修和调整的必要性。包括设备的在线解体检查，即按规定的周期在生产线停机情况下，对设备部件进行全部或局部的解体检查，并对机件进行详细检查或测量以确定其劣化的程度。还包括设备的离线解体检查，对计划或故障损坏时更换下来的单体设备、分部设备或重要部件进行离线解体检查。

一、专业点检的业务流程与工作方法

（一）专业点检业务流程

专业定期点检的业务流程是指定期点检维修业务进行的程序，即专职点检员进行点检计划、实施、检查、修正反馈的 PDCA 工作循环步骤。定期点检业务程序如图 3-5 所示。

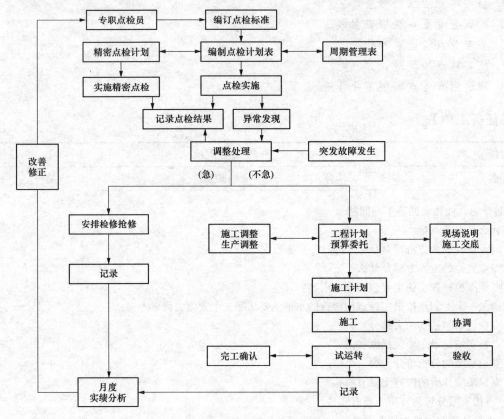

图 3-5　定期点检业务程序

专职点检员是设备的直接管理人员。专业点检是设备点检定修的核心，是推行设备点检定修管理的关键一环。

点检员不仅要按时间过程对点检工作实行目标管理，做到年有目标、季有计划、月有调整、日有重点。还要按空间地位协调好相关部门的工作，接受直接领导的指令，全力以赴为生产服务。

点检员要按业务比重平衡好自己的工作内容：50%时间在现场进行点检或修理工作的管理；20%时间在办公室做好数据的统计整理和计划委托等管理工作；15%时间协调好各部门的工作；15%时间用来提高自身的业务能力和开展自主管理及改善工作。

点检工作要有充分的物资基础作保证。点检工作的管理目标之一是费用最少，因此备品备件和材料的管理也是一项十分重要的工作内容。

专业点检是设备管理中最最基础和最最根本的工作，它是对设备状态作出正确分析和判断的前提。点检员的第一工作地点就是现场，点检员通过感官和点检仪器对设备做出基本、直接的判断。专业点检员每天根据点检标准规定的点检部位、质量标准、点检手段、点检周期制定的点检路线进行专业点检。例如，点检员每天首先从设备点检系统上给手持机下载相关数据，然后到现场进行检测项目；检测结束后，将现场采集的数据上传至设备点检管理系统。对于 A 类设备，点检员每天点检一次，B 类设备每周 2～3 次，C 类设备每周或更长时间一次。据统计点检员一天可点检 150～200 个点。点检员还负责检修项目的指导和验收、工作票的签发和终结等工作。

（二）专业点检的工作方法

点检定修制的重要特点是以点检员为核心开展现场设备维修活动，点检员是整个生产维修过程中的责任者、组织者和管理者。因此，提高和保证点检员的管理意识和自身素质是个十分重要的课题。点检员的工作方法概括起来就是，运用"七步工作法"，抓住"五大要素"，掌握"管理两要素"，记住"一句话"，实行"目标管理"。

1. 运用"七步工作法"，抓住"五大要素"

"七步工作法"如图 3-6 所示。

"五大要素"（紧固、清扫、给油脂、备品备件管理、按计划检修）是设备维修活动中最基本的任务，也是长期反复进行的管理项目。在机械、电气设备中，紧固件有成百上千个，一个螺栓或一个接线端子松动脱落都将会引起设备事故。采用"七步工作法"，可使"五大要素"的实施和管理得到充分保证。

2. 掌握管理要领，实行目标管理

（1）掌握管理要领。

1）要领一：按设备实际状况进行点检记录、数据统计，采用图表法进行定量分析；

2）要领二：以 PDCA 管理环推进工作。

（2）明确管理目标。

1）保证设备"四保持"；

2）以最少人力、物力、财力保证设备发挥出最大的经济效益；

步骤一：调查现状

步骤二：发现问题

步骤三：制订计划

步骤四：措施保证

步骤五：实施管理

步骤六：实绩分析

步骤七：巩固提高

循环一次有成效
循环多次就提高

图 3-6 "七步工作法"

　　3）以降低故障率和维修费用为考核指标；

　　4）以自主管理方式保持积极进取的活力；

　　5）管理目标立足于长远发展方向。

　　3. 树立管理意识

　　牢记"我要努力干好"的信念，树立"我是现场设备管理者"的意识，以坚持半日现场点检为基础，掌握协调按计划检修的要领，力争实现故障为零的目标，干、学结合，不断增强活力，培养受人尊重、大有前途的信心。

　　推行点检定修制的过程中，点检员经常会遇到一些困难和挫折，要经常用"不要泄气，努力干下去"这句话来激励自己，从而把点检工作做得更好。

二、专业点检检查的实施和要领

（一）点检检查的实施

　　1. 询问点检

　　专职点检员在实施点检前应首先搜集和听取运行人员提供的设备信息，并查阅他们的记录，可以理解为询问点检。

　　通常专职点检员在进行当日的按点检路线进行的点检计划作业之前，可以通过电话联络或者查阅有关运行、维护的当班作业日志、抢修记录等，了解夜间设备运行情况，以修正当日的点检路线及点检内容。

　　对查阅后的运行日志或者日常点检记录表等，要签上点检员的姓名，对作业日志上记载的设备异常情况或者提出的问题，要做出书面答复，决不能不予理睬或做出搪塞性的回答。

　　专业主管（点检长）在查阅作业日志等记录时，更要注意生产方提出的问题。对运行方提出的问题能否明确、及时地答复、处理、解决，可作为考核专职点检员的一项重要依据。

　　2. 专职点检员定期点检必须按点检路线进行

　　（1）对点检计划表中的点检内容进行点检所采取的方法。一般依靠"五感"或简单工器具进行检查。为了进行比较和判别，要查问上一次点检的结果以及从生产操作方获得的信息。

　　对初次担任专职点检员或者不大熟记每一个应点检的部位及点检点时，最好能把点检计划表带到现场，逐行对照点检，防止遗漏。

　　专职点检员对点检过程中发现的设备问题，要了解清楚五个方面：

　　1）什么设备、什么部位、什么零部件发生了问题。

　　2）什么时候发生的。

　　3）在什么地方发生的。

　　4）什么原因引起的。

　　5）什么人在现场或是什么人发现的。

　　（2）对经常出现故障的部位点检的方法。必须进行跟踪点检，对设备实施"人机无声对话"。"人"在故障多发点部位，要开动脑筋，不断地向自己提出故障可能发生的原因并分析、思考排除故障的方案，直至找到"机"真正的原因。例如：当齿轮减速机高速挡齿轮发生经常断裂时，除了按正常的思路采取提高材料强度等办法外，如果采取措施后仍发生断裂时，就必须站在设备旁观察其运行过程中，生产操作方是否存在违反操作规程的现象，是否有满负荷启动、使用反向运转止动、带负荷连续频繁点动启动、地脚螺栓松动、中心线偏移和启动特性过硬等原因存在，这些问题只有在深入现场，同设备进行"人机无声对话"后，才能被最终发现。一个优秀的专职点检员，在点检作业时，他的思路极其活跃，视角要极为广泛，始终带着对设备运转的状态"有怀疑、不信任"的态度去观察、去检查，才能及时地发现许多细微的、不经常为人们注意的隐患问题。

（3）重视生产操作人员对日常点检结果的记录。哪怕是一种轻微的现象（往往是设备劣化的前兆症状）都不要轻易地放过，即使是生产操作日常点检反映的那个发生点，正好不是在今天的点检路线上，也一定要过去检查一次，不能存在侥幸和幻想，放到以后再去检查。记住"小洞不补，大洞叫苦"这句话。

另外，对近期白天计划检修过的或者夜间紧急抢修过、临时处理过的部位，必须要做进一步的诊断性检查。专职点检员对点检检查过程中发现的简单问题应及时记录，能够力所能及处理的，要当场及时处理，并将处理结果及时记入点检日志中。对发现的设备问题，要根据有关数据、记录、实际情况及经验，进行综合分析研究。实施点检后，专职点检员应将结果详细记录在点检作业日志上。若通过点检作业，发现点检标准或者点检计划有明显不妥之处，应及时予以修订、改正。专职点检员在实施点检的同时，应结合设备劣化倾向管理、精密点检与技术诊断进行；用仪器、仪表进行精密点检和倾向管理时，要做好完整的数据记录工作。根据已制定的劣化倾向、精密点检计划表及设备运转状况的特殊要求，对设备进行精密点检和劣化倾向管理，并做好记录，进行定量分析，掌握机件的劣化程度，达到预知维修状态之目的。专职点检员在点检业务中，应尽量搜集信息，并根据搜集的信息把握设备的状态，进行分析处理。

（二）设备专职点检人员检查的技巧和要领

一个优秀的专职点检员，对于正在进行生产的设备、容器、管道、炉窑等，能熟练运用各种点检的技巧，把握住设备隐患、劣化的倾向，探查出隐患、故障发生的原因，及时采取对策和措施，确保主作业线设备的正常运转，给企业带来巨额的经济效益，是一件极有意义的事情。

专职点检人员应把握检查的技巧和要领。衡量一个专职点检员实施点检检查的水平，可以从点检技巧的以下三个方面去衡量。

（1）是否精确掌握了制定点检计划类管理表的技巧、要领，其中包括制定点检标准、计划、点检精度表、点检路线等一系列点检计划类管理表。

（2）是否掌握了两种技术，即前兆症状的把握技术和故障的快速排除技术；并利用这些技术和自己所学的知识以及所掌握的经验，解决现场点检作业中的问题。

（3）故障点追踪的技巧。可以对设备隐患、故障可疑点逐一确认，逐一排除。其方法有：

1）通常以目视和手摸等"五感"的点检方法去查找，一般即可发现机械、电气故障等，如紧固件松动、部件缺油脂、接插件松动、线间短路、线头虚焊、插件板引线开裂及其上面焊接的小部件部位变化、腐蚀等原因引起的故障；

2）运用可疑点之间的因果关系，连问几个"为什么？"，进行查找，逐点确认；

3）对可疑部位可以暂时采取更换措施，再观其后效，逐点排除。

三、点检记录

点检记录包括点检实绩记录和点检实绩分析两大部分。

（一）点检实绩记录

1. 点检结果的记录

主要是设备现状、缺陷、问题处理的记录。包括点检检查表、缺陷记录表、周期管理表、给油脂实施记录表等。

2. 每日作业的记录

记录生产操作日常点检和设备系统专职点检员一天的点检作业、活动、业务管理、协调等的情况，通常记录在点检日志上。

（1）点检活动的一天轨迹，要每天及时记录，不能几天不记，集中回忆。

（2）按时间顺序的作业过程，但又不能记流水账。

（3）重点的地方或者需要引起注意的事项，要用"＊"或彩色记号标出。

（4）对问题的分析、判断、对策、预测结果等，其内容更要做详细的记录。

每天点检组长要检查专职点检员的点检日志，专业主管（点检长）至少要每周对点检班组长的作业日志进行检查；设备管理部门的领导至少一个月一次，对专业主管（点检长）的日志进行检查，以上都应签上名。

3. 设备缺陷及异常情况的记录

记录在点检实施中检查出来的设备缺陷、异常情况以及处理的结果，特别要记录必须要列入维修计划的内容和必须要改善的部位和问题点等。

4. 设备故障（事故）的记录

记录主作业线设备的隐患、故障（及其设备事故）的部位、内容、造成原因的分析以及采取的对策和吸取的教训，并向专业主管提出故障（事故）报告书的内容和建议改善的办法（方案）等。

5. 设备倾向管理和精密点检的记录

根据专职点检人员对指定设备进行倾向管理、实施精密点检后的结果，搜集设备状态情报，整理和分析劣化资料数据及倾向管理图表的制作，把握设备的运转实态和故障情况，结合精密点检，掌握机件磨损、变形、腐蚀的劣化程度，记录实绩并采取相应对策处理，点检计划与实绩表见表3-20。

表3-20　　　　　　　　　　　　　　**点检计划与实绩表**　　　　　　○：计划　●：实绩

设备名		点检内容	方法、工具、仪器	标准	周期	日期		
装置名	点检部位							

6. 设备检查和修理记录

在维修作业中，根据生产操作日常点检人员以及专职点检人员的要求，要进行定（年）修时间计划、定（年）修项目计划等计划完成情况检查和工程检修实绩，检修工时利用，检修作业进度、检修质量情况等实绩记录。由检修人员提供检查记录和修理记录。要按内容的要求，及时与检修系统的人员取得联系，并按要求记录的内容，索取维修记录表，整理并掌握其检查记录和修理记录，以便提供完整设备技术档案，积累设备维修实绩资料（包括记录设备修理内容、工时工序、更换零部件及验收结果、施工单位等），供再次维修时作为参考。

7. 设备的状态记录

为掌握设备"四保持"状态，进行有效设备考核。

8. 失效记录

掌握设备状态，对其失效部分（因素），除及时消除外，还要对存在的设备失效因素进行记录；不能马上消除时，要编制设备失效报告书，以征得有关部门的重视和作为报废设备来解决。

9. 维修费用实绩记录

根据维修费用预算、记录工时耗用等情况，更换的备品备件数量，耗用资材的名称、品质、数量、价格、消耗量，掌握维修费用的实绩（包括大修理费用的实绩），积累历年维修费用的历史资料，以供企业设备研讨会分析之用。

（二）点检实绩的分析

点检管理的目的，是要通过定期分析点检实绩来修正、改善点检的目标，找出设备的薄弱环节或难以维护的部位，提出改进意见，以提高设备点检作业的效率。

1. 点检实绩分析的层次和安排

设备系统管理的实绩分析，大体上可分为三个层次来进行。

（1）现场点检作业管理的细胞——专职点检组的每周实绩分析会。点检组长应每周召开一次分析会，一般安排在作业区安全例会后，由专职点检组长主持，专职点检员全部参加，大约用 1.5h 的时间，简要分析下这一周的点检重要情况，主要包括以下几个方面。

1）设备故障（事故）情况：原因分析及对策、教训；

2）点检（检查）情况：管辖区设备状态与走向分析、失效及对策；

3）检修工程情况：日修、定修、年修等检修项目，工时、效率、安全等分析；

4）点检小组 PM 活动情况：项目数、改善的成果分析等。

（2）作业区核心管理者——专业主管的每月实绩分析会。专业主管（点检长）每月一次实绩分析会，由作业区的专业主管（点检长）主持，各点检组长和对口技术人员参加，详细分析一个月实绩情况。主要包括：除上述各项内容外，还应分析本作业区维修费用的实绩及使用情况，主要分析维修费用花费的项目，备件、资材使用的合理性，维修费用升高和降低的原因，为什么有不合理的开支及其避免重复发生的方法等，以达到提高点检管理效率、减少故障次数和时间、降低维修费用目的。

点检实绩分析会后，编制作业区月度实绩资料，向设备管理部门作实绩报告，构成了点检管理的 PDCA 闭路循环，也是作业区自身的 PDCA 循环机能。即 P（计划：点检计划、维修计划、维修费用预算、周期管理表等）→D（实施：点检、倾向检查、施工配合、协调、故障管理等）→C（检查：记录、整理、分析、实绩报告、对策建议、评价等）→A（反馈：调整业务、修改计划、调整标准等）。再回到下一个 P，形成良性循环的闭路环，以使点检管理工作不断推进和效率不断提高，才能达到天天有实绩、月月有分析、季季有改善、年年有创新和提高的结果。

（3）企业设备管理归口——设备系统每月实绩分析会。在点检组、维修实绩分析的基础上，由企业设备管理部门召开各专业设备管理会议，每月一次，安排在月末，综合分析企业设备管理实绩，主要内容包括设备故障、主要设备停机、定修的效果、工程项目及维修费用等方面的实绩分析，并形成企业的实绩报告会资料，构成部门管理的 PDCA 循环。

在分析会上，同时审定月（季）度定（年）修计划，有关部门（如运行部门、物资供应部门）均要派员参加。

2. 点检实绩分析的内容

（1）点检实施效果的分析。根据运行（维护）人员的日常点检和设备系统专职点检员对定期点检实绩的掌握，验证点检计划表、定期（周期）管理表和设备劣化倾向管理表的正确性，预知点检计划表的精确度，分析预防维修所占整体维修计划的比例，使点检的效率不断提高。同时，对点检标准和维修技术标准中发现有不符合的部分进行修改。

（2）设备故障的分析。根据对设备状态、隐患、故障信息的掌握，对其进行仔细研究，分析其现象、造成的原因以及发现的途径和可能重复的故障问题点，针对性地提出必要的降低故障的对策和改善措施并付诸实施，达到杜绝重大事故的发生和同一故障重演的目的。

（3）定（年）修计划实施精度的分析。根据定（年）修计划时间和对计划项目实施情况的掌握，检查定（年）修计划的精确度，要求计划项目能 100％完成，做到定（年）修项目不变更、不增减的管理目标。

（4）维修费用分析。维修费用分析，包括检查维修费用预算的正确性，分析维修费用使用的合理性，达到既保证设备正常运转，又要逐步减少维修费用的目的。

3. 分析的方法

把握点检实绩是最重要的，因为它是实施分析的前提，也会给设备管理部门提供有用的信息。没有真实性的实绩，会给管理者蒙上一层模糊的假象，导致其失去机会，甚至决策错误。但是有了实绩，如何进行分析，其方法也是至关重要的。可以根据下面的方法适当地选择进行分析。

（1）排列图法。排列图法是寻找主要问题的方法。寻找主要矛盾，找出主要问题，排列图法较为有用。如用排列图找出故障的主要原因，以便采取对策。同样，也可以作出故障停机时间排列图或故障处理排列图，找出故障停机时间和处理故障对策的主要问题。

（2）倾向推移法。倾向推移法又称倾向管理法，根据推移曲线进行前后分析对比，也可在推移图上找出存在的问题点和经验点，以采取相应对策，落实提高工作效率的步骤和方法。以一定的生产时间为基础，如：定为一个月一次，相应记载变化值，将其每个月的值连成曲线表示在同等生产期中设备效率的升高和故障的下降。

（3）直方图法。将预先设定的计划目标的计划值，按比例记入图表里，构成直立的方块图；同时，在相应处记入相同比例的实绩值。这样，将计划值与实绩值相对比，可以看出计划与实绩计划值的差距，证实计划精度的高低，同时也可与历史实绩进行对比，看其计划性如何，基本可以说明工作效率如何，了解效率是在提高还是下降，找出存在的问题点，进行分析评价。

（4）焦点法。焦点法是找出问题关键点、便于分析的好方法，简单明了、问题突出、分析效果显著，一般也可以用于设备故障分析之中。把一个整圆等分，分割成数块（6块或8块），每一块都表示了点检区设备的有标准化问题点的一部分，每一部分引起的故障次数，均用有量度线段表示，这样把有量度线段的顶点连成多边形，即形成了便于评价的分析图。根据上述分析，即可找出设备薄弱环节或难以维护的部位，提出改进意见。

四、点检处理

点检检查中出现的异常要及时处理，以恢复设备正常状态，并将处理结果记录下来。不能处理的要报告，传达给责任部门处理。

专职点检员在点检检查过程中发现的简单问题，应及时记录；能够力所能及处理的要当场及时处理（如松动零、部件的紧固，简单定位的调整，有碍于保持设备性能的杂物以及漏油处理等），并将处理结果认真、仔细地记入点检日志中。

专职点检员必须记住的原则是：有隐患、有故障的设备，不过夜，即使有备用机组的，也要当作没有备用设备来看待。必须保持设备的原来面貌，即使是在应急时，也不要拆东墙、补西墙，临时地应付；更不能降低设备使用水平（如把自动的改为手动，又将手动的变为不动）。

专职点检发现设备问题，不需要马上处理的，应将其列入计划检修项目，填写在计划检修项目预定表中。计划检修项目预定表是检修项目的汇总，该表内容的具体来源是：定期（周期）管理项目，劣化倾向管理项目，运行、设备、安全部门提出的改善委托项目，以及上一次检修时，由于各种原因造成的没有来得及实施维修的遗留项目。

除此以外，专职点检人员在点检业务中，还应搜集设备信息，并根据搜集到的设备信息，把握设备的状态和动向，分别进行分析、处理。

五、点检改进

组织实施对设备薄弱环节的改进工作。

1. 点检管理业务的改进

前面任务中已经比较详细地叙述了点检管理业务的具体化、明细化、规范化，这是点检效率提高的着眼点，同时也要致力于点检管理业务的改进工作。因为点检管理的稳定是相对的，而点检管理的改进则是绝对的，要努力改进每一项点检管理业务。例如，在认真组织实施点检和积累点检经验的基础上，改进点检标准、点检检查方法以及定期和重点点检的部位；改进点检工作路线，以有效利用点检的时间；根据点检实绩和分析，改进对设备故障、异常的预知性，避免设备重复故障的发生；按照点检对设备倾向管理、解体精密点检实绩的分析，组织实施对设备薄弱环节的改进工作；定期改进维修标准，能够提高点检实施的技能和不断总结点检实践的经验，对维修标准进行合理的运用，提高对维修费用使用的合理性和经济性。

2. 点检改进的根本是设备故障的防范

设备发生故障，有时是某种特殊原因直接造成的，但更多的是多方面原因互相作用的结果。因此，要实现设备故障为零的目标，原则上是要把潜在的缺陷、隐患全部暴露和查找出来，采取必要的防范措施，认真组织实施对设备薄弱环节的改进工作。

企业生产中造成设备故障的复合因素，可以用图 3-7 来表示。消除设备故障因素，防范

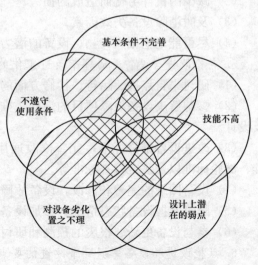

图 3-7　设备故障复合因素

设备故障的发生是点检改进的根本所在。

3. 点检改进活动的开展

(1) 专职点检员的点检改进——开展故障预知活动。通过专职点检作业的实施及关键部位的重点点检、精密点检和劣化倾向、故障隐患管理，掌握易发故障部位和因果关系，从而预先安排好应对故障的对策，制订措施方案和实施改进的点检计划及工程进度的预安排，以减少故障发生；同时要使发生故障后的应急对策得以具体化，改进各种条件，力争避免重复故障的发生。

点检改进体现在可以通过使用各种设备故障点的诊断仪器，开展定期或不定期的精密点检和点检诊断，或根据在线监测，提出预知维修项目，预防故障的发生。

(2) 开展自主管理活动，推进设备技术革新和点检技术改进活动。运行人员、设备点检人员、维修人员，都可以自发地组织，组成自主管理活动小组，进行点检改进。设备技术革新和点检技术改进的自主管理活动，把自己遇到的问题解决在自己手中，使群众的积极性自觉地发挥出来，在基层形成点检改进和预防故障发生的网络。

根据设备故障的分析，或是为了改进设备的运行条件、改进运行环境、设备结构等的需要，开展以点检员为中心的设备改善活动或设备点检的小改小革，都是点检改进、促进对备薄弱环节的改进工作的有效措施。应该把每一次出现的设备故障，特别是重点故障当作改进活动的契机，使设备薄弱环节的改进工作不断地向深度广度推进。

4. 设备薄弱环节的改进——改善维修的意义

改进设备薄弱环节，除了点检改进，改善维修的方法也是其中很重要的一个方面。改善维修也称改良维修，它是实施设备薄弱环节的改进、实行预防维修体制的主要内容之一。为使设备在维修阶段保持其可靠性、维修性和经济性，不断对设备的本体质量进行改良、改进，同时对保证性文件、管理标准、方法、手段等也要进行改进。单单靠预防维修，不能预防加速的绝对劣化和加剧的老式化劣化；只有在预防维修的同时开展改善维修，才能达到生产维修的目的，因此，改善维修的意义在于：

(1) 能保持设备性能稳定，精度不下降或延缓劣化。

(2) 减少因机件劣化而造成的损失。

(3) 及时消除设备失效因素。

(4) 尽可能地挖掘人、物、设备的潜力。

5. 点检改进与设备薄弱环节改进工作的课题和方向

(1) 研讨来自点检、运行、检修方面的故障报告，确定改进的对策方案，参与实施。

(2) 参与解决设备故障项目的活动，推进消除故障的计划，制订设备薄弱环节改进方案及设计。

(3) 改进设备维修标准，完善修改通用维修技术标准，包括给油脂标准、电气维护标准、试验标准以及法定检查标准等。

(4) 设备图纸的完善和修改，设备故障信息的收集、分析、研讨。

(5) 随时掌握设备状态情况，参加设备故障、事故的处理。

(6) 参与设备更新、报废的预测和研讨，并参加设备定期检查。

6. 点检改进和设备薄弱环节改进的要点和部位

(1) 设备上不能点检或实施点检有困难的部位和内容。

（2）设备上极易损坏或寿命明显短暂的机件。

（3）易发生故障或易发生重复故障的部位。

（4）修复困难或不能修理的设备。

（5）设备设计欠考虑，设备生命周期中先天不足以致不能达标的设备。

（6）部分零部件、配件的不良而影响整机的设备。

（7）有助于改进生产、安全、环境保护的设备和措施。

六、规范化作业

（一）专职点检人员实施点检作业的规范化和标准化

专职点检员一天的规范化作业内容如图 3-8 所示。

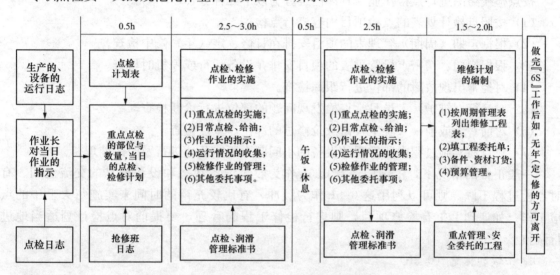

图 3-8　专职点检员一天的规范化作业内容

专职点检员，一天正常的工作时间表，作如下规范（专职点检员是不倒班的，属于常白班，一般 8:30—17:00 为工作时间），可供参考。

1. 上班前

专业主管会提前 0.5h 到现场（作业区的专职点检员，也会在上班前到达办公室），更换了作业服后，立即会去做以下几件事。

（1）掌握信息：了解生产和设备的情况，查看上一班的设备运行日志、前一晚的夜班设备运转状态信息、抢修班日志、故障记录表以及生产的运行日志，专业主管在查问生产、运行作业日志后，必须签名。

（2）专业主管联络日志：了解运行（维护）人员的日常点检、专职点检、其他点检工种的动态、检修的记录等。

（3）当天的生产作业计划、设备开动计划，如停电、待料、参观、活动等。

2. 早会（0.5h）

（1）由专业主管或组长传达上级指令及作业区设备情况，布置好当天工作重点，做到信息及时上传下达。

（2）召开安全例会，布置当日点检作业的危险预知以及注意事项。

（3）当日点检工作安排：根据点检计划表，提出当日重点点检部位以及当日检修工作的分工等。

3. 点检的实施（2.5～3.0h）

专职点检员实施点检的规定：设备系统的所有专职点检员，每天上午 9：00—11：30，必须按点检计划的检查内容，携带规定的点检工器具进行现场点检（抢修，处理故障等除外），每个专职点检员每天必须保证 2.5h 的点检工作负荷，并对下午点检管理工作时间进行合理安排。

专职点检员实施点检时，必须做到"二穿二戴"（穿工作服和工作鞋、戴安全帽和防护镜），精神饱满，做到行为举止规范化，树立专职点检员的良好形象。

按点检线路图进行点检作业，具体内容分为以下几种：

（1）按照点检计划表的点检项目内容进行点检。

（2）根据定期（周期）管理表的项目安排在日修、定（年）修中检查。

（3）根据倾向、精密点检管理表的项目安排在设备运行或停机时检查。

（4）对经常出现故障的部位进行跟踪检查。

（5）对运行（维护）人员日常点检发现问题的部位进行诊断检查。

（6）对前一天或前一天晚上检修及抢修过的部位作重点检查。

（7）对点检实施过程中所发现的设备的小问题力所能及地进行及时的处理。

一般正常的情况下，午饭前还有 0.5h 作为收集设备状态和设备信息的交流之用。有时点检过程不顺，则可以利用这 0.5h 作为缓冲，有比较充裕的时间来实施每天上午的点检工作。如遇到上午有检修项目，则进行检修工程的管理，要提前对点检计划适当地进行调整。

4. 午饭和休息（0.5h）

正常情况下到企业指定的食堂去用餐，特殊情况也可将盒饭配送到现场，以节省时间。

5. 点检实施管理的时间（2.5h）

（1）点检员对在上午实施点检中发现的比较严重的设备问题，会同点检组长、专业主管及有关设备技术人员进行研究，迅速制订合理的处理隐患的方案。

（2）进行点检台账的管理：①点检使用账、表的管理；②检修计划的编制；③维修备件、资材的管理；④设备改进、改善方案的研讨；⑤检查、确认当日施工委托项目的完成情况；⑥对第二天要施工的委托项目要现场说明及调整；⑦填写点检作业日志；⑧其他有必要向上级报告的事项。

6. 维修计划的编制及工程委托（1.5～2.0h）

（1）编制中、长期维修计划、日修、定（年）修计划。

（2）近期检修项目用的维修资材计划，核对更换件，查对库存，准备维修材料的领料单。

（3）维修费用计划的平衡及调整。

（4）定期（周期）管理表、日常点检计划的修订的核对、复查。

（5）设备的倾向管理整理记录、填写归档。

（6）填写工程委托单。

（7）工程项目用维修资材的订货及到货检验等。

（8）电脑档案整理工作。

（9）其他事项，必要的会议、自主管理活动。

7. 下班前后（10min）

整理办公室，做"6S"工作，更换工作服。

如当天没有什么检修项目，也没有特殊安排的，则可以下班；否则，将继续留任，直到任务完成。

（二）专业点检范例

某电气专职点检员一天的工作时间安排及作业内容实况。

设备系统、电气作业区上班时间：7：30—16：30，中午、午餐及休息共1h。

（1）7：40—7：50。电话问询生产方负责设备的日常点检人员，前一夜设备运转有否故障及当天生产操作设备的情况，根据所了解的情况，判断是操作不当还是设备故障，为当天日修提供检修准备。

（2）7：50—8：00。广播体操。

（3）8：00—8：05。电气点检、检修全体碰头会。会议内容：预定工作事项；相互工作联系。

（4）8：05—8：15。组长与组员碰头会。会议内容：安全、点检修理等问题分工预定；相互在身体、生活或其他方面情况联系。

（5）8：15—8：40。检修工程碰头会。由设备管理部主任主持，参加人有运行部门、检修工程承包商、检修维护单位及安全部门，电气点检、检修技术人员全部参加。

会议内容：检修工程内容，施工时间，施工者；领发各种施工所需许可证；确认工程联络员及试运转时间。

（6）8：40—12：00，半日点检，这是每天工作主要目标。

点检内容：重点点检和精密点检以及对早上电话中所了解的设备情况进行点检。

点检范围：将电气设备分成五个块，周一至周五，每天点检一个块。

五个块的划分情况：①发电机系统；②继电保护系统；③输变电设备；④高压电动机设备；⑤输煤等公用系统电气设备。

（7）13：00—13：30。安排第二天检修工程碰头会，由设备管理部主任主持。

（8）13：30—16：20。办公室工作。内容：对外协单位检修工时的计算，电气检修用的备品、计划准备，汇总各种有关技术资料、电子文档以及自主管理活动。

试运转会：当天如有工程试运转活动，要参加检查，确认工程质量。

（9）16：20—16：30。书写工作日志。内容：点检情况，故障记录，参加会议人员。

（三）规范化的设备点检方法

规范化的设备点检方法如图3-9所示。从图3-9中可以看出，专职点检人员是"一心""两线""五下""六上"的工作。

（1）"一心"：一心一意专心致志地实施点检。

（2）"两线"：上午：生产现场实施点检；下午：行使作业管理职能。

（3）"五下"：点检作业、深入调研、实地考察、重点观察、检修实施，要下到生产现场。

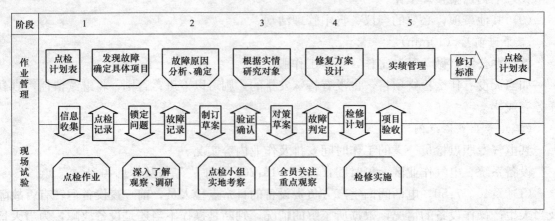

图 3-9 规范化的设备点检方法

（4）"六上"：点检计划、故障项目、原因分析、研究对策、方案设计、实绩整理，要上到管理现场。

图 3-9 中各阶段分别需掌握的内容如下。

（1）点检诊断阶段：要求掌握生产计划、生产进度、夜班及抢修记录、对产品及设备的质量要求、生产及设备的操作程序、操作人员对设备的改良要求、设备点检法、设备诊断技术、点检记录整理等。

（2）故障分析阶段：要求掌握劣化判定法，故障发生的类型，磨损机理与规律，机电、化学、热破坏的故障现象等。

（3）维修计划阶段：要求掌握长期修理（年度）计划，日常点检、定期点检、周期点检计划，日修、定修、年修计划，维修费用预算计划，维修人员计划，维修资材供应计划，突发事故时的各种应急计划等。

（4）维修实施阶段：要求掌握安全管理、维修资材供应、维修效率管理、进度调整、工程检查、验收、遗留问题的处理等。

（5）实绩记录阶段：要求掌握维修费用的结账、维修资材的结算、维修工程的结论、维修图纸的修改、设备档案管理等。

任务 5 精密点检

【教学目标】

1. 能理解精密点检的内涵。
2. 能清楚精密点检的定位。
3. 能讲解精密点检的内容。
4. 能理解点检与在线监测。
5. 能领会精密点检开展要点。
6. 会设备劣化趋向管理。

【任务工单】

学习任务	精密点检						
姓名		学号		班级		成绩	

通过学习，能独立回答下列问题。

1. 什么是精密点检？

2. 精密点检的定位有哪两种形式？

3. 精密点检的内容主要包括哪些？

4. 振动测试标准有哪些？

5. 振动检测方法主要有哪些？

6. 常用测振仪表有哪三大类？

7. 噪声检测方法主要有哪两种？

8. 什么是铁谱分析技术？

9. 电气绝缘诊断分析中的非破坏试验法主要有哪几种？

10. 监测数据的采集主要由哪两种形式得到？

11. 精密点检开展要点主要有哪些？

12. 实施设备劣化倾向管理的条件有哪些？

13. 实施设备劣化倾向管理的内容和方法是什么？

14. 设备劣化倾向管理的种类有哪些？

【任务实现】

精密点检是设备点检管理的第三层防护线。

精密点检是点检员、专业主管或专业技术人员用检测仪器、仪表，对设备进行综合性测试、检查，或在设备未解体情况下运用诊断技术、特殊仪器、工具或其他特殊方法测定设备的振动、温度、裂纹、变形、绝缘等状态量，并对测得的数据对照标准和历史记录进行分析、比较、判定，以确定设备的技术状况和劣化程度的一种检测方法。

一、精密点检的定位

精密点检的定位目前有两种形式。

（1）除日常点检和专业点检外的设备检查活动都可作为精密点检范畴，如 SIS 点检、技术监督和监控、二十五项反事故技术措施
对标检查、重大危险源识别的数据，都可看成精密点检。也就是说，除日常点检和专业点检获得的设备状态数据外，其他数据都作为精密点检数据来定位和对待。

（2）一般理解的第三层防护就是用更加精密的仪器去检测设备状态，如通过振动分析仪、油液分析仪、红外热像仪、泄漏检测仪等完成设备的状态检测，进行设备的状态管理。

电力企业普遍进行的预防试验制度和技术监督制度，就其内涵分析，也应属于精密点检管理的范畴。因此在建立设备的综合防护体系时，应把这些内容整合在一起。

二、精密点检的内容

（一）振动检测

1. 振动检测机理

振动检测是旋转机械中最常用的手段。旋转机械 90% 以上的损坏情况，是紧随其振动

增加之后而发生的。机械内部产生异常时，一般情况下都会出现振动增大、振动性质改变等现象。因此，利用振动检测手段，可以在不停机的情况下，了解设备的异常部位、劣化程度及异常原因。正是这个缘故，振动检测在机械设备诊断中才被广泛应用。

2. 异常振动种类

旋转机械上经常出现的异常振动一般有两种。

（1）以激振力分类。

1）强迫振动。周期变化的外力从外部作用在振动系统上，由此外力引起的振动称为强迫振动。这时系统振动的频率，同外力的频率是密切相关的。当强迫外力的频率和系统的固有频率一致时，振动会急剧增大，这种现象称作共振。

代表性的强迫振动是旋转机械的不平衡、不对中等引起的振动。

2）自激振动。自激振动与外力无关，只是由于系统自身原因而产生的显著振动现象。

代表性的自激振动是油膜振动、颤动等。

（2）以频率分类。旋转机械上产生的振动频率，大致可以分为 3 个频率范围，见表3-21。

表 3-21　　　　　　　　　　　　　　　异常振动在频率域内的分类

频率范围	异常振动种类
低频（1kHz 以下）	不平衡、不对中、轴弯曲、松动、油膜振动等
中频（10kHz 以下）	齿轮振动、流体振动等
高频（100kHz 以下）	滚动轴承损伤引起的振动、摩擦振动等

3. 振动测试标准

判断振动是否异常，必然要与某个标准值相比较。振动标准种类很多，总的来说，可以分为绝对值标准和相对值标准两大类。

（1）绝对值标准。绝对值标准是经过大量振动试验、现场振动测试，以及一定的理论研究而总结出来的标准，对大多数设备有一定的参考价值。

具有代表性的是国际通用的国际标准化组织（International Organization for Standardization，ISO）振动判定标准。

目前各国各行业都有自定的振动标准，这些标准虽然通用性差些，但针对性较强，在日常的设备维修活动中，也是很有用的。例如，日本制造厂为宝钢集团有限公司引进设备提供的部分振动标准，都是绝对值标准。

（2）相对值标准。绝对值标准是衡量各种设备的通用标准。然而每台机器都有自己的特点，即使同一类机器，它们的结构参数、使用工况等都不一定相同；因此，完全适用于各台设备的通用标准实际上是不存在的。现有的各种绝对值标准，只能供人们分析判断异常振动时参考。较为科学的方法是相对比较，称相对值标准。经常运用的有以下两种方法。

1）自身比较（倾向判定）。以每台设备正常时的数据作为基数，当振动量达到该基数的一定倍数时，就认为需要加强监视或需要停机检修了。在一般情况下，人们认为振动量为原始基数的 2 倍时，需要加强监视；低频振动增大到原始基数的 4 倍时，需要检修；高频振动增大到原始值的 6 倍时，需要检修。

相对值标准主要也是起参考作用。对于具体设备而言，究竟振动增大为原来的多少倍时才会损坏，没有统一的标准，因为还与振动频率分布、机组安装情况有关。最好的办法是对每台设备作长期状态监测，经过一两次检修后，再建立每台设备各自的振动标准，这种标准更可靠。

2）相互比较。即同类机械之间进行相互比较。如果机组相同，运转条件、基础等也相同，那么振动明显大的那台设备就是有问题的。在一般情况下，振动为同类机械的 2 倍时，视为异常，需要加强监视。

4. 振动检测

如何正确检测到振动信号，这是机械故障诊断中的首要问题。在实际检测工作中，应注意做好以下几项工作。

（1）正确选择检测仪器。不同种类的传感器具有不同的可测频率范围，测试前应该结合研究对象的主要频率范围，选定适当仪器。一般来说，接触式传感器中，速度型传感器适用于测量不平衡、不对中、松动、接触等引起的低频振动，用它测量振动位移，可以得到稳定的数据；加速度传感器适用于测量齿轮、轴承故障等引起的中、高频振动信号，但用它测量振动位移往往不太稳定。因此，加速度传感器测量仪一般只用于测振动速度，其优点是能测到高频振动信号。

实际工作中，振动测量和异常判断有两种方法：

1）用轻便的手提式振动表或点检仪器测量，做简易诊断。

2）用黏合剂或安装螺钉固定传感器，扩大频响范围测量，对信号做好记录，进行精密诊断。

（2）正确选择测量参数。振动测量参数通常是指振动位移、振动速度和振动加速度，一般的振动仪表对这 3 个参数都能测量。实际测量中，究竟选择哪个参数较好，这要针对不同目的做出选择。

一般情况下，若查明被测对象有不平衡、不对中、松动、油膜振荡等现象时，则测位移或速度较好。若查齿轮、轴承、叶片等故障时，则测加速度较敏感，在平时的状态监测中最好对 3 个参数同时进行测量和记录。

（3）选择正确的测点位置。测点位置和传感器安装位置同上述的两个因素一样，能决定测到什么频率范围的振动。实际被测对象都有主体与部件、部件与部件之间的区别，必须找出最佳的测振位置，合理布点。

实际测量中，一般以设备的轴承部位为测量点，首先从轴左边或右边开始，确定测量点，顺序编号为①、②……并作记号，以便每次测量都在同一点。确定测点后，画出如图 3-10 所示的设备简图与测点，标明机器名称和转速，以便实际测量时对照使用。

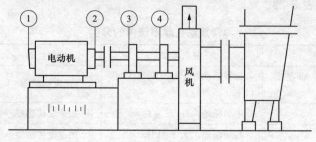

图 3-10 设备简图与测点

（4）传感器安装固定。在振动检测过程中，传感器必须和被测物紧密接触。在圈定、蜂蜡固定、胶合固定、绝缘连接固定、磁铁连接固定等实际工作中，应依据具体要求，选择适当的连接固定方法。

（5）良好的接地回路。在宽频带振动测量中，广泛使用加速度传感器，但要特别注意连线引起的噪声和接地回路引起的噪声。

（6）定期标定仪器。因为测振仪器中某些元件的电气性能和机械性能会随时间和使用程度而变化，所以测振仪器在使用过程中需要经常标定。特别是压电型加速度计，其压电系数会随时间的延长而降低。因此，为了保持测量精度，最好每年复核一次。

（7）测试数据整理。按上述几点测得的振动数据，需要按设备分别整理，画出趋势图，同基准值比较，才能一目了然地看出设备运转状态。一般情况下，这种整理工作可采用手工方式；但是，当需要做状态监测和倾向管理的设备数量较多时，必须借助于电子计算机来进行数据处理工作。目前，已有设备倾向管理的应用软件。

5. 常用测振仪表

测振仪表多种多样，大致可分为三大类。

（1）位移型涡流式轴振动仪。这是一种非接触式的、测量相对位移的振动仪。一般将传感器安装在轴承座上，测轴和轴承座之间的相对位移。对于高转速设备，必须直接监测轴的振动。这种振动仪一般作为线监测使用，在大型风机、压缩机、发电机组设备上，都装有这类监测头。

（2）速度型传感器振动仪。速度型传感器主要是磁电式速度计，这是一种接触式传感器，用于测量轴承座、壳体的振动，由于输出信号直接与被测物的振动速度成正比，所以称为速度型传感器。带这种传感器的振动仪主要用于测量低频振动，常作为点检仪表用。

（3）加速度型传感器振动仪。加速度型传感器也是接触式传感器。传感器的输出信号直接与被测物的振动加速度成正比。通过电子回路积分，也能测振动速度和振动位移。加速度传感器振动仪不仅能测低频振动，也能测中、高频振动，所以应用更广泛。但是，测振动位移时，其稳定性往往比速度型传感器振动仪差。

一般测振仪的主要作用是对设备做倾向管理，掌握设备状态是否正常。当发现设备不正常，需要检查异常原因时，还要用到更高一级的记录仪和分析仪。

6. 振动监测技术要点

振动的强弱与变化和故障相关，非正常的振动增强表明故障趋于严重。不同的故障引起的振动特征各不相同，相同的振动特征可能是不同的故障。振动信号是在设备运行过程中产生的，因此可以在不停机的情况下进行检测和故障分析。最常见的故障现象、振动类型和检测仪器及检测参数见表 3-22。

表 3-22 异常振动在频率域内的分类

故障现象	振动类型	检测仪器	检测参数
转子不平衡、不对中、轴弯曲、松动、油膜振动等	低频振动，工频（50Hz）5 倍以下	速度传感器	位移或速度
齿轮、叶片振动	中频振动，1kHz 左右	加速度传感器	加速度
轴承损坏	高频振动，大于 1kHz	加速度传感器	加速度

在振动监测中要重点注意：

（1）正确选择测点位置。由于不同的故障引起的振动方向不同，故一般要测量互相垂直的 3 个方向，即轴向、径向（水平方向）和垂直方向。对中不良易引起轴向振动；转子不平衡易引起径向振动；机座松动易引起垂直方向振动。高频或随机振动测量径向，低频振动要测量 3 个方向。因此，测量时应找出最佳测振位置，合理布点。一般以轴承部位为测量点，顺序编号，每次测量按相同顺序。

（2）测试仪器定期标定。要保证对振动信号的检测精度，必须定期对传感器和检测仪器进行参数标定。

（3）测试数据的积累和整理。每次检测数据应整理保存，做好趋势分析图，对典型案例数据要重点收集。

（二）噪声检测

1. 噪声及分类

（1）噪声。产生声音的振动源，称为声源。机械由于构件碰撞、摩擦等引起的噪声，一般称为机械噪声。

描述噪声特征的方法有两类：一类是把噪声视为单纯的物理现象，用描述声波的客观特性的物理量来表示，这是对噪声的客观量度；另一类涉及人耳的听觉特性，根据听者感觉到的主观意识来描述，这是对噪声的主观评价。噪声强弱程度常用分贝（dB）表示，分贝是个相对量，无量纲。

很多机械零部件（如齿轮、轴承等）出现故障时，伴随着振动还出现噪声增大的现象。值得注意的是，有些噪声，人耳不能很敏感地听到，需要借助于声级计测量声音，录下信号进行分析。噪声检测同振动检测一样，可以捕捉到同设备故障有关的信息，由此确定故障的部位、劣化程度等。噪声检测与振动检测经常同时进行，不同的是，噪声检测是对整个机械，而振动检测可对各个部位。两种检测相辅相成，有时在振动检测传感器无法安装的情况下，可通过噪声检测来发现设备异常，这也是噪声检测的优点。

（2）噪声分类。噪声标准大致可分为三大类：声源（如设备、交通工具等）噪声标准、职业噪声卫生标准和环境噪声标准。三者互相联系，又有本质区别，不可混淆。

1）声源噪声标准。其对象是物，它是客观表述声源辐射噪声的强度与特性的。确定的声源在特定的条件下，噪声是唯一确定的，不应随着检测方法及检测环境条件而变化。为了使检测结果有可比性，必须对检测环境条件、测点布置等作一系列规定。也就是说，必须有一个相应的测量规范，才有意义。

2）职业噪声标准。其对象是人，它主要考虑人体的健康与安全。噪声对人体的危害是多方面的，目前制定的职业噪声卫生标准，主要是从保护听力角度提出的。职业噪声的测量，必须考虑两个因素：人体接受噪声的时间和强度变化。

3）环境噪声标准。主要是保证人的正常生活与工作，环境可分为大环境和小环境。城市、区域或一个工厂可称为大环境；车间、办公室、卧室则可称为小环境。不同环境，噪声的要求不同，标准也不同。测量时也必须考虑时间、空间两个因素。

2. 设备噪声检测方法

噪声检测有两种方法。

（1）简易现场检测。简易现场检测常用普通声级计（也称噪声计）检测设备的噪声。现场检测时，首先估算设备尺寸，然后确定测点的位置。

设被检测的设备最大尺寸为 D，其测试点的位置如下：

1）$D<1m$ 时，测试点离设备表面为 0.3m；

2）$D=1m$ 时，测试点离设备表面为 1m；

3）$D>1m$ 时，测试点离设备表面为 3m。

一般设备要选 4 个测试点，大型设备要测 6 个点。

测试高度一般为：小型设备为设备高度的 2/3 处；中型设备为设备高度的 1/2 处；大型设备为设备高度的 1/8 处。

对于风机、压缩机、水泵、齿轮装置等可参考日本工业标准，一般来说，测试环境要求有时不易满足，这时测试仅起到估计作用。

（2）ISO 近场测试法。在使用此法时，应注意以下几点。

1）在平面内画出整机设备的包络线。

2）环境近似自由场，也就是几乎没有反射，测点距离增加一倍，噪声降低 6dB。

3）测量高度要求在设备高度的 1/3～1/2 处。

4）测点的距离，要保证相邻点的声压级差不超过 5dB。

5）测量值的计算要求：当各测点的最大值与最小值之差不超过 5dB 时，只需求算术平均值；当最大值与最小值之差超过 5dB 时，则要用能量平均的方法计算。

（三）铁谱技术分析

1. 油液监测技术

油液监测技术是用来检查转动机械润滑油质量变化和机械磨损的最好方法。分析油液中的颗粒和其他杂质，可以检查确认机械磨损情况，评价润滑油变化和设备零件磨损状况，预测其余寿命。油种包括绝缘油、抗燃油和设备润滑油。监测项目包括色谱、开口闪点、闭口闪点、黏度、综合指数、颗粒度、微水、酸值、抗乳化度等。

油液理化性能指标的检测：润滑油理化性能指标很多，其主要的指标有黏度、闪点、水分、酸值和机械杂质等。一般在润滑油添加之前均要进行理化性能指标的检测，合格后方可使用。

光谱分析技术：主要是对磨损颗粒的元素成分及含量浓度进行定性和定量分析，它可以测定油品添加剂的元素、磨料物元素、污染物元素的成分和含量。主要技术特点是分析迅速，不需要对样品进行处理，在短时间内能同时分析到十几到二十几种元素，分析的准确性高，适合于小于 $10\mu m$ 的磨损颗粒，对油中的大颗粒不敏感。

铁谱分析技术：它是以磨损颗粒分析为基础的油液检测技术，通过铁谱显微镜等仪器的观测，可以分析磨损颗粒的大小、形貌、分布、成分和浓度等，以诊断设备磨损形式、原因、部位、劣化程度和预测劣化发展趋势。适合于对 $1\sim200\mu m$ 直径大颗粒磨损颗粒的分析，也可对铁磁材料磨损颗粒进行定性和浓度的半定量分析。

2. 铁谱分析技术简介

铁谱技术是 20 世纪 70 年代国际摩擦学领域里出现的一种磨损颗粒新技术。它通过对磨损颗粒的尺寸、形态以及成分的分析，以获得有关运动摩擦时的磨损状况和磨损机理的重要信息，特别是在早期预报机械失效、节能及润滑剂的研究等方面有着广泛的应用。

在机械设备中，由于金属表面的相对运动，摩擦时表面不断产生着大量的金属磨损颗粒。这些颗粒从摩擦表面不断进入润滑油中。研究表明，润滑油中磨损颗粒的数量极其惊人，1L 油中可达 10^{12} 个颗粒，甚至更多。通常尺寸范围在几十纳米到几微米之间。尽管磨损颗粒的尺寸极其微小，但其形式和数量却反映了不同的磨损形式与磨损作用过程，因而对研究设备的工作状态等有着特殊的意义。

铁谱技术是一种从润滑油样中分离并检测磨损颗粒的技术。它借助于磁场的作用，将润滑油中的磨损颗粒与污染微粒分离开来，并使其按照尺寸大小依次沉积在显微镜基片上，制成谱片，以供进一步观察分析；或者按尺寸大小，依次沉积在一个玻璃管壁上，通过光学方法进行定量检测。这种技术（包括从取样到分析，直至诊断为止的全过程）称为铁谱技术。它是与光谱技术、同位素示踪技术并列的三大润滑油分析技术之一。

铁谱技术的发展，改变了过去人们一直通过检测磨损零件表面状态来鉴定磨损方式的习惯做法。从而有可能通过检测磨屑来判断机器零件的磨损情况，为判断运转部件磨损状况提供了很大的方便。

据国外有关专家估算，全世界生产的能源有 1/3～1/2 是消耗在克服机器零部件运动副接触表面的摩擦上。由于机器零部件摩擦磨损导致失效，而必须更新或修理的，约占零部件总数的 60%～80%。因此，对机械零件摩擦磨损的监测，是机械故障诊断、控制润滑、节约能源和材料的重要环节。

由于铁谱分析技术性强，对分析人员的专业水平和实际经验要求非常高，一般不建议发电企业自己配置仪器设备，而是委托专业检测单位进行测试、分析。

（四）应力、扭矩检测

应力、扭矩检测也是设备诊断的重要手段之一。由于设备承受交变负荷压力，或者在高温、腐蚀介质环境下工作的过程中，或制造过程中遗留下来的微小缺陷会变化扩展，也可能产生新的缺陷。对这些缺陷如不能及早发现或清除，任其发展扩大，必将发生断裂破坏，导致严重事故。

测验应力、扭矩主要是靠应变片，即在被测设备上贴上应变片，应变片的信号连接到应变仪上。当设备在工作状态下承受应力或扭矩时，贴在它表面上的应变片就会变形，变形的结果是使电阻值发生变化，这样就导致整个测量回路的电信号变化。因此，从电信号的变化上就可以掌握设备的应变量，从应变量再计算应力和扭矩。对于旋转轴而言，需要装上集流环，像电动机的整流子那样，将应变片的信号引出来。现在有一种遥测应变仪，利用无线电发射和接收装置来获得贴在旋转轴上应变片的输出信号，实现非接触测量。

（五）红外线测温技术分析

红外热成像检测是通过测量物体在不同温度的红外线辐射来检测其温度。该技术原来用于高压线路、升压站开关、变压器套管等设备的热故障监测。现在，已经逐步发展到厂用高低压电气开关和熔丝、发电机碳刷、热力设备保温以及部分控制卡件的热故障监测。

红外线测温技术的特点是不仅可远距离测温，而且可十分迅速检测设备表面的温度分布，从而可进一步分析设备内部结构和特征有无异常变化，对那些用肉眼看不到的内部隐患给予准确的估计，该方法通常应用于加热炉、烟道、锅炉、容器等内部耐热材料的检查、电气触点接触情况检查、安全阀管道泄漏检查和设备本身温度检查等。

红外线热像仪是红外线测温技术中比较复杂的仪器，简单的仪器是红外线点温计。

（六）声发射技术分析

1. 声发射技术的概念

声发射是固体内部应变能转换成声能的一种能量转换现象。固体材料产生变形或裂纹时，同时伴随着能量释放，形成声音，这种现象被称作音响发射，也就是声发射。研究这种现象的技术，就是声发射技术。

2. 声发射技术的作用

（1）为研究材料提供了新的观察手段。材料内部有位错运动、裂纹产生或裂纹扩展时，都会发生声发射现象。因此，在外部捕捉到声发射信号，就有可能及时跟踪材料中的微观现象。

（2）在确保结构物的安全方面，是一种划时代的诊断、监测技术。例如，压力容器耐压试验中，当结构的缺陷引起局部变形、龟裂时，这一部分就会产生声发射信号；检测到这种信号，就可以了解缺陷的部位和程度，以便判断耐压试验再进行下去是否有危险。

对于使用中的结构物而言，一般来说，在整体破坏之前，都有微小的龟裂和形变，监视龟裂或形变产生的声发射现象，就能防止致命的破坏。

（七）电气绝缘诊断分析

绝缘劣化诊断是目前电气设备诊断中最主要的内容。电气设备在恶劣的环境下长时间使用后，由于各种原因，会引起绝缘性能下降，即绝缘劣化。绝缘劣化的后果是严重的，或毁坏设备，或引起人身事故。因此，恰当地使用某种方法来检查绝缘状态、防止绝缘破坏是很有必要的。绝缘劣化诊断的对象设备，主要是电动机、变压器和电缆线。

设备诊断中所说的电气绝缘劣化诊断方法，都是非破坏试验法。所谓非破坏试验，是指在被诊断的绝缘体上加电压，不让绝缘体破坏，测定绝缘阻抗、吸湿状态、空隙或裂纹上的部分放电等，由此判断绝缘体的劣化程度。非破坏试验法主要有下列几种。

（1）目视检查。这种方法主要检查表面清漆有无变色或剥落；绝缘表面有无灰尘；绝缘物是否变色；焊接物有无松动、熔化；转子绕组是否变形、捆扎线是否松动；裸露导体是否生锈、变色等。

（2）绝缘电阻表测定。这是绝缘诊断中使用最广泛的方法。它是将绝缘层表面清扫干净并完全干燥后，再用绝缘电阻表直接测定绝缘物本身劣化程度的一种方法。

（3）漏电流试验（直接泄漏试验法）。在绝缘物上加直流电压后，表面会有漏电流，过10min后读漏电流值，将所加直流电压值除以漏电流值，得出直流绝缘阻抗。再用加直流电压后过1min的漏电流值和过10min的漏电流值之比（即极化指数）来进行绝缘劣化诊断。这种方法常用于高压电动机的绝缘诊断。

（4）感应正切试验（$\tan\delta$试验法）。在绝缘体上加交流电压时，将交替产生感应电极，这时就有介质损耗，同时全电流比充电电流滞后角度δ，而介质损耗的大小与$\tan\delta$有关，$\tan\delta$被称为感应正切。因此，测得$\tan\delta$值，就可推算出绝缘物上所发生的部分放电强度，以及空隙形态等，这种方法就是感应正切试验法。

（5）交流电流试验法。这是诊断高压电动机绝缘劣化的方法。它是将交流电压加在高压交流电动机的定子绕组上，这时电流与电压是线性关系，如果产生部分放电时，电流比正常增大，设为I，设按线性计算时的电流为I_0，那么I与I_0之差与I_0的比，就是电流增加率。根据电流增加率的大小可判断绝缘劣化程度。

（6）部分放电试验法。电动机绕组对地绝缘用的树脂材料，经过长时间的高温后，绝缘层会产生剥落和空隙。在此绝缘层上加交流电压时，在某个电压值以上，就会产生部分放电现象。以电压形式检测由于放电而产生的脉冲电流，测定脉冲个数和强度，就能掌握绝缘层的剥落和空隙生成状态，这种方法称为部分放电试验法。

以上各种方法中，漏电流试验是检测吸湿性的有效方法；感应正切试验法和交流电流试验法，是检测全面劣化的有效方法；部分放电试验法是检测局部劣化的有效方法。在电动机的绝缘劣化诊断中，要考虑运转条件和使用环境，综合采用以上几种方法。进行综合判断。

除了上述常用监测技术外，各发电企业还可以根据自身情况，积极稳妥地应用其他在线或离线监测技术。如变压器内部局部放电在线监测、变压器油含气量监测、电动机电流和磁通参数监测、钢丝绳断股监测、安全阀在线监测、电缆接头发热在线监测、轴承和齿轮磨损监测，以及氢气检漏、超声检漏和流量检测等辅助监测手段。

三、点检与在线监测

1. SIS 点检

SIS 是处于火电厂集散式控制系统（distribute control system，DCS）以及相关辅助程控系统与全厂管理信息系统之间的一套实时厂级监控信息系统。SIS 以机组的经济性诊断、厂级经济性分析、厂级负荷分配以及机组的经济运行为主要目的。SIS 是实现火电厂信息化、知识化的重要环节，实时性、厂级分析与优化经济运行是 SIS 的突出特点。SIS 的实时性体现在其实时分析机组的运行参数，通过系统强大的数据挖掘、数据处理与优化的功能，对机组乃至全厂的运行状况进行准确的分析、诊断与优化；SIS 的厂级特性体现在其涵盖了全厂的 DCS 数据信息以及辅助控制系统的数据信息，并在分析全厂运行经济性的基础上，实现全厂的运行优化。它是一个以提高机组乃至全厂运行经济性为目的的信息系统，它不仅要对设备、机组乃至全厂的运行经济性进行准确的诊断，SIS 的高级应用模块和子系统还为提高运行经济性提供了有效的技术手段。

基于发电厂实时数据库平台开发的 SIS，可以与厂内其他一些管理子系统实现数据连接，通过切合企业自身特点的功能模块帮助企业生产解决切实问题，完成主要技术经济指标的计算、机组运行可控损失分析、浓缩的机组运行日报、汽轮机在线热力试验、各班运行质量考核系统、运行优化与指导系统、机组耗量特性的在线确定。同时，SIS 提供的设备健康状态分析、机组关键性能指标变化趋势分析等功能则为点检定修提供了大量数据。

（1）设备健康状态分析：该功能主要反映设备的当前状态，为检修提供必要的信息。

（2）机组关键性能指标变化趋势分析：对关键指标以趋势图反映其变化情况，为跟踪机组性能及运行质量的变化提供依据。

SIS 弥补了工厂的信息断层，将分散的信息资源集成起来，尤其是将管理系统和控制系统的信息有机地结合起来，形成了真正意义上的全厂实时生产信息系统集成。通过该系统，设备工程师可以分析设备过去的运行状况，提供设备检修计划，最大限度地发挥设备潜力；通过该系统，可以有效监督公用系统的运行状态，减少浪费，及时发现问题，避免大的隐患。

2. 设备劣化前兆信息数据的监测采集

现场对劣化前兆信息的采集，一般有三种主要形式：检查、监测、诊断。尽管检查是三种信息采集的形式中最普遍、最常用的信息收集方式，但监测数据也是一种重要的劣化前兆信息来源。监测数据可以通过在线监测和离线监测两种形式得到。

（1）在线监测是通过设备被监测部位上的传感器，连续采集放大信息并传递给计算机，进行分析、处理，为维修决策提供依据。

（2）离线监测是由设备专业技术人员，巡回将固定在设备被监测部位上传感器的信息采集下来，再输入计算机，进行分析、处理。

也有在线与离线相结合的系统，即有些部位在线监测，另一些部位离线监测。

四、精密点检开展要点

精密点检和专业点检并没有严格的界限，精密点检是在运行巡检和专业点检发现设备问题需要增加点检内容、缩短点检周期的点检，也可设置一些关键点、危险点进行定期监测、诊断和分析，作为精密点检内容。运行巡检和专业点检发现设备问题需要进一步分析原因的，应进入精密点检环节。首先由点检员按照工序服从原则，组织相关专业人员进行分析、制订预防和解决方案等，此项工作由专业点检员来完成。需要外部资源进行诊断的，由专业主管负责联系有能力的技术服务单位进行或进入公司问题库管理流程。

精密点检定位为对设备的"近期"负责。要做好精密点检应重点做好以下工作。

（一）建立一支专业从事设备状态监测和分析诊断的技术队伍

无论是振动频谱分析技术、红外热成像技术、超声波检漏技术，还是油色谱分析技术等，都有非常强的专业性，对使用人员的业务素质和技术水平提出了很高的要求。根据有经验的电厂介绍，一般需要3～5年时间的研究和实践才能掌握和应用这些高科技检测技术。因此，首先要建立一支专业的状态监测和分析诊断队伍，原则上宜独立设状态检测中心或诊断小组，而不宜以兼职的形式把状态监测的职能分解到汽机、电气、锅炉炉、热控各专业中，或由各专业的点检员（工程师）兼管。同时，要注意人员的相对稳定，否则容易发生人员培训困难、监测工作不规范、数据得不到有效积累等情况。

（二）精密点检工作的标准化、制度化和科学化

1. 要根据电厂人员、设备的实际情况建章立制

如制定《设备状态监测管理标准》《状态监测设备分工管理制度》《设备定期检测项目和周期标准》《状态监测仪器操作规范》《设备状态信息交流管理办法》《设备状态监测技术标准》等管理办法和制度，以确保精密点检或状态监测工作有条不紊地进行。

2. 要严格按照已经制定的标准和制度执行

根据分工，状态监测人员按照标准定期开展状态检测和故障诊断，掌握其发展趋势和规律。

3. 要注重典型案例的分析与积累

作为精密点检的状态监测人员，通过定期和不定期监测得到所需要的数据，只是一个基础；更重要的是对大量数据和谱图的分析，找出故障信息，甚至分析出故障原因及故障部位。因此，积极分析案例、积累案例，把案例作为故障判断的辅助手段才是精密点检的最终目的。

4. 状态监测技术标准的研究与建立

建立状态监测技术标准是非常有意义和非常必要的，但又是一件十分困难的事情。在现有的监测技术中，油品和红外监测技术标准的建立和执行相对容易做到，而振动、电流、磁通等监测技术标准的建立比较复杂。国内一般的做法是先收集国际、国内的有关标准，制定

出企业的初始标准；然后再根据实际案例对标准进行修正，逐步建立一套适合于本企业的状态监测技术标准。

5. 执行原则

要掌握循序渐进，有所为、有所不为的原则，科学地开展状态监测、分析和诊断工作。

五、设备劣化趋向管理

精密点检主要是测定设备的实际劣化程度，测得的数据要通过劣化倾向管理进行跟踪、分析，从而获得设备劣化的趋势和规律。所以，如果不进行劣化倾向管理，精密点检就失去了它的意义。同样，不进行精密点检，也就不可能进行劣化倾向管理确定设备的状态。两者相辅相成，缺一不可。

1. 设备劣化的倾向管理及其意义

观察对象设备故障参数、控制设备的劣化倾向，定量掌握设备工作机件使用寿命的管理，称作设备劣化的倾向管理，这些技术的综合，就称为预知维修技术。

根据不同类型的设备，可采取预防维修和预知维修两种不同的维修方式，但总体趋势应将预防维修进一步过渡到预知维修的阶段。

2. 实施设备劣化倾向管理的条件

（1）具有可测量劣化减损量的机件：即能使用测量工具或测定仪器，并可以测得减损量的数据的零部件。

（2）具有可测量的手段：要获得劣化减损量数据，必须具备测量手段，如仪器、工具等。

（3）具有会使用监视仪器的专职点检人员和精密点检人员。

3. 实施设备劣化倾向管理的内容和方法

设备劣化倾向管理是点检作业不可缺少的部分，具体由专职点检员计划实施，其业务范围包括如下：

（1）确定实施劣化倾向管理对象设备的范围。

（2）根据对象设备及其长期点检计划表或周期管理表的内容和维修技术标准表的允许值数据，选定实施劣化倾向管理对象设备的管理项目。

（3）事先编制好劣化倾向管理用图、表，以便记载劣化倾向的数据。

（4）确定测定的周期，按周期进行定量测定对象项目的劣化量。

（5）实施劣化倾向程度的测定，或使用检测仪器进行状态监视，诊断、调查、预测劣化情况。

（6）提出精密点检计划、内容。

（7）委托技术诊断小组，进行精密点检，掌握其实际数据。

（8）做好劣化倾向的记录，完成劣化倾向管理图表的制作以供分析和编制各种计划之用。

4. 劣化倾向管理的种类

（1）按工作机件的结构形式分。

1）动力传动类：如各种轴类、轮类、曲轴、传动轴类机件。

2）轴接头类：如万向接轴、固定接头、活动接头、离合器等。

3）齿轮类：如各种传动齿轮、齿条、蜗轮、蜗杆等。

　　4）接触滑动类：如各种轴承、活动工作件和制动器等。

　　5）卷绕机构类：如各种传动带、运输带、钢绳类、传动链条等。

　　6）紧固焊接类：如特种螺栓、销子、键及焊接件、高强度配合等。

　　7）弹簧类：如各种金属弹簧、非金属弹簧、缓冲装置等。

　　8）热元件类：如各种耐火砖、燃烧器风口等。

　　9）壳体类：如炉窑外壳、槽体外壳、管道壳壁等。

　　10）油脂类：如各种润滑油、液压油、电气设备冷却油等。

　　（2）按工作机件的劣化类型分。

　　1）磨损类：机件由于相对运动、接触摩擦而造成本体金属的磨损而减损，如各种磨损件。

　　2）变形类：工作机件由于长期在负荷作用下，造成了变形，本体变细、变薄、变长，而造成相对变形量的减损，如弹性件。

　　3）腐蚀类：机件在介质的长期作用、侵袭、腐蚀下，使本体金属腐蚀而减损。

项目四 设备定修管理

【项目描述】

主要培养学生认知定修制，熟悉定修模型、定修计划的制订，熟悉设备定修管理和检修工程管理的业务流程及工作内容。

【教学目标】

1. 能理解定修制的内涵。
2. 会制订发电机组定修模型。
3. 会制订发电机组定修计划。
4. 能实施设备定修管理。
5. 能实施检修工程管理。

任务 1 设备定修认知

【教学目标】

1. 能陈述定修制及定修的分类。
2. 能讲解定修管理的特点。
3. 能清楚定修工作业务流程。
4. 能清楚设备定修管理的组织机构。
5. 能理解设备点检定修制管理体系内容。
6. 能说明点检与定修的关系。

【任务工单】

学习任务	设备定修认知					
姓名		学号		班级		成绩	

通过学习，能独立回答下列问题及完成要求。
1. 什么是定修制？定修管理的主要特点有哪些？
2. 设备定修如何分类？
3. 什么是年修？什么是日修？
4. 什么是预防性定期检修？什么是状态检修？
5. 试画出定修工作的业务流程图。
6. 设备定修管理的部门设置主要包括哪些？
7. 点检定修制管理体系主要内容有哪些？
8. 试画出点检与日修、定修的关系图。

【任务实现】

一、定修制的定义

定修制就是包含了设备定修特点和基础工作内容的一种设备检修管理制度，即在点检的基础上，在定修模型的指导下，按照点检结果所确定的设备状态及提出的检修任务需求，组织实施工程委托、接受工程、工程实施、工程记录四个步骤所形成的一整套科学而严密的管理制度。其具体内容包括：检修工程管理、计划值管理、修理计划设定周期与进度编制、年度计划编制和评定年、月度日程计划编制、检修工程实施、检修工程委托处理、检修工程接受业务处理、检修工程实施处理、检修工程记录处理，以及科学的工程编码管理和管理用的成套表格等一系列检修工程计划及实施所必需的管理内容及相应的管理制度、考核制度、实施表格等。

设备定修制度的建立和实施应以以下工作内容为基础：

(1) 科学的定修模型。

(2) 完善以网络图方式编成的检修作业标准和修理质量基准。

(3) 明确的生产方、点检方、检修方、社会协作方的业务分工协议书。

(4) 现代化的施工机具和检测仪器仪表等手段。

(5) 推行以作业长制为中心的现代化基层管理方式。

二、定修的特点

1. 定修是在点检制、预防维修的条件下把检修负荷压到低限

该修理方式强调了停机时间有限的年修、定修和日修，实现了企业可以预测的均衡的修理负荷。设备定修是在设备点检、预防检修的条件下进行，是为了消除设备的劣化，经过一次定修使设备的状态恢复到应有的性能，从而保证设备可连续不间断、稳定、可靠运行，达到预防维修的目的。同时也明确提出定修项目的确立是在设备点检管理的基础上，要求尽量避免"过维修"和"欠维修"，做到该修的设备安排定修，不该修的设备则要避免过度检修，逐步向状态检修过渡。

2. 设备定修推行"计划值"管理方式

(1) 定修的停机修理计划时间，追求100%准确，不允许超过规定时间或提前完成，推行"计划值"管理方式。检修计划值是企业计划值体系的一个重要组成部分，计划值的准确性，体现了点检、维修和维修人员的综合水平。对停机修理的计划时间，力求达到100%准确，即实际定修时间不允许超过规定时间，也不希望提前很多时间。

(2) 定修项目的完成也追求100%准确，减项或增项同样不好。修理效果的提高，一方面依靠修理人员的素质，另一方面依靠科学的管理方式。如果每次定修有很多项不是预先设定的项目，那就算不上是按照设备状态来确定检修。

(3) 上述计划值的制订是基于各级设备管理人员（包括设备主管、专工、点检员）日常工作的积累，要求计划命中率（准确率）逐步有所提高。

点检定修制强调工作的有效性，要求制订的计划值符合客观实际情况。计划命中率（准确率）的高低反映了各级设备管理人员的综合工作水平，有的企业将计划命中率作为衡量员工工作的一个标准。

3. 定修项目的动态管理是设备定修的主要特征

点检定修制明确将 PDCA 的工作方法贯穿于设备管理的全过程，对每一个定修过程要认真记录修前、修后的设备状况，对劣化部位及相应的预防劣化的措施记录在案。除在日常点检管理中跟踪检查外，在下一次定修时要进行总结，并在此基础上提出相应意见，不断完善设备的技术标准和作业标准，修改相应的维护标准和点检标准，达到延长检修周期和零部件寿命的目的，也称为设备状态管理的持续改进。

定修计划的来源、调整、确定和管理等工作，是按照定修模型的规定执行的，由点检和检修作业长来承担并实施。计划的准确性和可靠性来自点检的保障，而修理质量的保证、进度的控制，则取决于修理人员。

4. 设备定修要求所有检修项目的检修质量受控

点检制强调设备在运行期间的受控外，还要求在检修期间的所有检修项目的检修质量受控。要求每一个点检员参与检修现场的检修质量确认，点检定修管理导则规定了"三方确认"和"两方确认"，即对重大安全、质量问题，点检员要到现场进行确认。

目前，对检修质量的监控普遍采用监控质检点（H、W 点）的做法，其中 H 点为不可逾越的停工待检点（hold point），W 点为见证点（witness point）。

5. 设备定修要求使设备的可靠性和经济性得到最佳配合

设备定修除了使设备消除劣化，恢复性能外，还要兼顾经济方面的要求，一般来说应考虑下列问题。

（1）通过点检管理和状态诊断，在掌握主设备准确状态的基础上，合理延长主设备检修间隔（改变年修模型），是设备点检定修追求的主要目标。

（2）通过点检管理，在掌握设备状态的基础上尽量减少"过维修"项目。

（3）年度检修中更换下来的可恢复使用的部件的修复。

（4）改进工艺和作业标准，降低原材料、备品配件、能源的过度消耗。

（5）合理安排人力资源，使日常修理和定期修理的负荷均衡化。

（6）减少和降低设备定修在备品配件、原材料、能源库存上的资金占用。

三、设备定修的分类

实施点检定修制的发电企业，其检修方式按其分类依据的不同，有两种分类方法。

1. 按检修周期时间的长短分类

（1）年度检修（简称年修）。年修是指检修周期较长（一般在一年以上）、检修日期较长（一般为几十天）的停机检修。

（2）点检基础上的检修（简称定修）。对主要生产流程中的设备，按点检结果或轮换检修的计划安排所进行的检修称为定修。

定修一般用于不影响连续生产系统停用或出力降低的附属设备和系统上，其检修时间也较短（一般从几天到十几天），检修内容包括更换备品配件、解体进行定期精密点检、定期维护、预防性检查和测试、因技术诊断和技术监督的需要所安排的解体检修、较大的缺陷转为定修项目等。

定修项目一般在月度计划中安排，如果定修出现在影响连续生产系统中的主要设备上，产生了停机或严重影响了系统出力，则需要征得电网调度的同意，甚至构成了非计划停运。

（3）平日小修理（一般称为日修）。日修是对设备进行小修理的项目，不需要征得电网调度同意，也不会影响发电生产系统的运行方式。这种修理项目有的是月度计划中已列入的项目，它的计划一般以周计划的形式下达，其检修内容包括：定期维护项目（如加油脂、定期清洗等）、需要检修人员配合的定期点检、需检修人员配合的定期试验、备品配件修复、小缺陷处理等。

　　2. 按检修性质分类

　　在日常发电设备检修管理中，按检修性质不同而有不同的提法，目前我国电力行业的一些习惯称谓有如下几种。

　　（1）预防性定期检修。预防性定期检修（time-based maintenance，TBM）是一种以时间为基础的预防性检修，根据设备磨损和老化的统计规律，事先确定检修等级、检修间隔、检修项目、需用的备件及材料等的检修方式。

　　（2）改进性检修。改进性检修（proactive maintenance，PAM）是指，对设备先天性缺陷或频发故障，按照当前设备技术水平和发展趋势进行改造，从根本上消除设备缺陷，以提高设备的技术性能和可用率，并结合检修过程实施的检修方式。

　　（3）状态检修。状态检修（condition based maintenance，CBM）是指根据状态监测和诊断技术提供的设备状态信息，评估设备的状况，在故障发生前进行检修的方式。

　　（4）故障检修。故障检修（run till failure，RTF）是指设备在发生故障或其他失效时进行的非计划检修。

　　（5）节日检修。节日检修是在不影响电网调度和事故备用的前提下，经电网经营企业批准，发电企业利用节假日时间进行设备的 D 级检修。

　　四、定修实施的工作流程

　　图 4-1 所示为实施定修工作的业务流程图。在这个流程中，点检员起主导作用，点检员要全过程跟踪参与各方框内的工作。

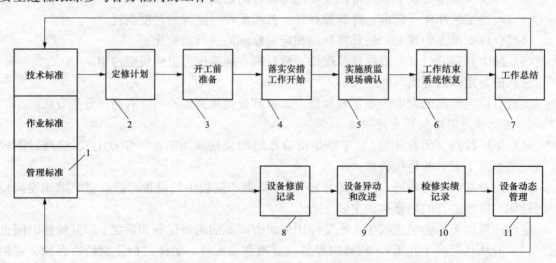

图 4-1　定修工作业务流程图

　　图 4-1 表明了定修管理的全部业务流程，流程中各序号代表的工作主要如下。

　　（1）企业的标准化体系是企业一切工作的指南和依据，定修工作的全过程均需按标准执行，点检员应参与制订、修改和完善这些标准。

（2）定修计划的编制应按技术标准和点检管理的结果由点检员负责拟订，经各级领导批准后执行。

（3）开工前的准备工作主要包括：

1）按管理标准要求，落实施工力量，参与签订合同谈判；

2）落实专用工器具、备品配件和原材料；

3）会同施工单位制定符合本单位的检修作业文件包或向施工单位提供检修作业标准；

4）明确、落实质量监督的有关问题（包括外委监理工作安排、落实）。

（4）落实安全措施，办理有关工作票隔离单，点检员必须亲临现场，在对重大安全措施进行确认和落实以后，才能具备开工条件。

（5）在施工过程中，点检员应跟踪定修项目的 H、W 点，并到现场进行确认（也可委托监理部门完成）。

（6）工作结束时，点检员应会同有关人员对系统恢复进行确认，确信系统处于安全情况下方可终结工作。

（7）点检员应对定修全过程进行评估，针对管理中存在问题做出工作总结，并反馈到有关企业标准的管理部门，为管理标准的持续改进提供信息。

（8）设备解体后，应对照有关技术标准对设备做出修前的记录，这些记录应反映设备的损坏和磨损以及其他不正常情况。这项工作应由点检员向施工单位提出并督促认真完成。

（9）根据设备的修前记录，对照技术标准和平时点检管理的积累资料，点检员应提出设备是否需要改进和如何改进的意见，报主管批准后执行。

（10）检修结束时，施工单位应提交详尽的检修实绩记录，为设备的下一轮动态管理提供依据。

（11）点检员应对从定修的修后实绩到下一次定修的修前解体期间设备的运行情况进行分析，对照点检记录和劣化倾向管理提出设备改进或标准改进的意见。

上述 11 项工作，点检员应全程跟踪参与，这就是定修工作的全过程管理。通过不断的PDCA 使设备维修工作得到持续改进，使设备的标准日趋完善和合理。

上述工作模型的切实执行，应依赖于计算机管理系统的建立和应用。

五、实施设备定修管理的组织机构

企业实施设备点检定修制，应建立起相应的组织机构。各部门在进行定修管理时，应在保障总体任务完成情况下进行必要的分工协作，表 4-1 为一般企业的设备定修管理的部门设置及业务内容。根据各企业具体组织机构设定及管理工作职责分工的不同，在表 4-1 的基础上会稍有调整，可根据各企业的实际情况而定。

表 4-1　　　　　　　　　　　设备定修管理的部门设置及业务内容

部门	承担定修管理业务内容
设备管理部	组织编制长期定修计划，决定定（年）修工程项目、内容并估工、委托；组织设定定修模型，编制本单位定（年）修计划（含年度、季度、月度计划），确定定（年）修日程和停机时间，以及检修人力的平衡和综合性工程的协调，定修实际的掌握和分析；工程的协调和现场指挥，直至组织完工验收检验
检修单位	接受施工委托、工程调查，编制检修作业标准，进行工程管理，保证检修质量和工程进度
其他部门	施工现场配合，检修委托工程落实

示例：某电力生产企业实施点检定修制后的状态检修各部门关联图见图 4-2。

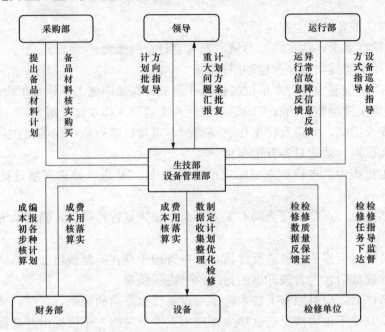

图 4-2　某电力生产企业状态检修各部门关联图

（1）成立以点检为主的设备部。

（2）生产技术部作为策划层，统筹协调设备管理部、发电运行部和检修公司的关系，并具体负责大小修中重特大非标项目的确定和前期调研工作。

（3）以点检为主的设备部作为专业层和部分操作层，下设汽轮机、电气、锅炉点检室及热控、继电保护维护班组，全面负责设备的检修计划、项目、方案、消缺、费用以及热控、继电保护维护等。

（4）检修公司作为操作层，具体负责汽轮机、电气、锅炉、燃料、化学、除尘、脱硫设备的维护和检修工作。

六、设备点检定修制管理体系及点检与定修的关系

1. 点检定修制管理体系

点检定修是关于设备维修的一套管理制度。点检定修制以设备点检管理制度和设备定修管理制度为主体，以设备使用维护制度、设备检修工程管理制度、设备维修备件管理制度和设备维修技术管理制度为手段，以设备技术状态管理制度、设备事故故障管理制度和设备维修费用管理制度为目标。点检定修制管理体系如图 4-3 所示。

2. 点检与定修的关系

设备定修是指在推行设备点检管理的基础上，点检员通过点检了解设备真实状况，根据预防检修的原则和设备实际状况确定检修周期和工期，通过合理安排，根据年修模型定期消除劣化。

设备定修的任务是通过合理的定修安排，根据年修模型定期消除劣化，使年修周期内的参与连续生产系统工作的设备能保持连续无故障运行；对于可以独立检修的辅助设备，则按

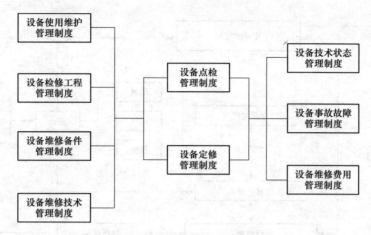

图 4-3　点检定修制管理体系

点检结果安排检修或根据设备寿命周期安排轮换检修，使发电设备确保安全、可靠、经济、稳定运行，设备定修的基本目的是科学延长检修间隔、合理确定检修项目、有效管理检修过程、提高设备可靠性和可用率、降低检修成本。

定修计划由点检方管理，日修无法实行的项目由点检方编入定修计划中实施。操作工人通过日常点检，对发生的问题及时提出检修计划。

定修周期由点检人员根据预防检修的原则和设备点检结果来确定。按照 PDCA 进行定修周期的修正工作。点检人员根据预防检修的原则和设备点检结果，确定所管设备的定修周期，制订定修计划。点检员按照定修周期和定修计划进行设备检修维护。点检员根据设备检修情况，核对周期属于提前、正好、还是超期，据此对定修周期进行修正，定修周期一般要经过设备的一个计划大修后，通过不断摸索，进行不断修正，才能制订正确的定修周期。

点检与日修、定修的关系如图 4-4 所示，点检与定修的组织管理关系实例如图 4-5 所示。

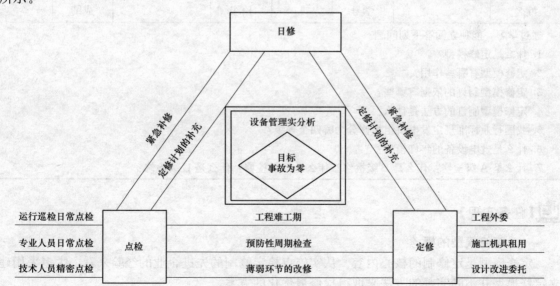

图 4-4　点检与日修、定修的关系

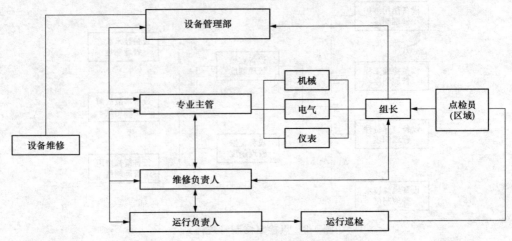

图 4-5　点检与定修的组织管理关系实例

任务 2　定　修　模　型

【教学目标】

1. 能理解定修模型内涵。
2. 能清楚定修模型的作用。
3. 会制订发电机组定修模型。

【任务工单】

学习任务	定修模型						
姓名		学号		班级		成绩	

通过学习，能独立回答下列问题。

1. 什么是定修模型?
2. 定修模型有哪些作用?
3. 定修模型制订的依据有哪些?
4. 定修模型制订的方法是什么?
5. 我国行业标准规定发电机组检修分为哪四个等级?
6. 什么是发电设备的年修模型?
7. 什么是 A 级检修? 什么是 B 级检修? 什么是 C 级检修? 什么是 D 级检修?

【任务实现】

一、定修模型的概念

定修模型是定修制的核心内容。从实施点检定修制的先进企业的经验来看，大多采用建立定修模型并不断完善的方法来取得检修最优化的方案。

所谓定修模型，就是各生产单元和工序的定修计划，按照能源平衡、物流平衡、生产平衡与检修人员平衡的原则，设定各项定修工程的周期和时间计划的标准化模式，并在实施过程中根据点检所确定的设备状态和定修本身的完成状况不断完善和改进，这个标准化模式称为定修模型，图 4-6 所示为定修模型设计框图。

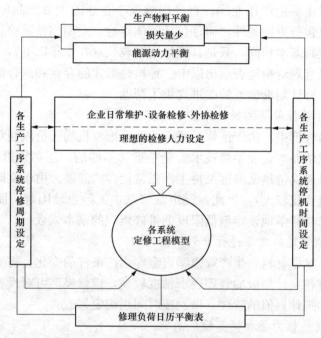

图 4-6　定修模型设计框图

对于发电厂的主设备（发电机组）和与其相关联的一些主要附属设备，要求其在发电生产系统中处于绝对可靠的地位。这些设备的停运，均会导致整个生产系统的停运或减少出力。因此，对这些设备的检修就提出了严格的要求，主要有以下两点。

（1）尽量减少检修次数。使主设备减少检修次数的途径，一是提高发电主设备本身的设计水平，延长一些易损零部件的寿命周期；二是加强对这些设备的日常维护和正确操作。

（2）缩短检修时间和减少检修项目。缩短检修时间和减少检修项目是相辅相成的，这项任务的达到依赖于加强精密点检和技术诊断以及提高检修模型和检修计划的准确性。

改革开放以来，我国大容量机组的比例迅速增加，发电设备制造水平也快速提升，上述两点要求也逐步向世界上发达国家靠拢，使非计划停运大幅减少。实行点检定修制较早的宝钢集团有限公司电厂和浙江北仑发电厂曾多次创造了全年无检修的业绩，全年仅 1 次年修的机组更是普遍存在。

二、定修模型的作用

在点检定修制中，定修模型对于指导企业修理的实施、提高修理的准确性和质量起着重要的作用，具体表现如下。

1. 直观表现了企业内部的检修形式

由定修模型可直观地表示出日修、定修、年修三种检修形式的组成及其相互时间关系。这三种检修均为计划检修，这样的计划检修与传统的大中小修不同，它不是按主要零部件磨损的程度来划分修理的类别，而是按维修周期的长短及停机时间的不同来划分修理的类别，两者的出发点不同。

（1）日修。也称为平日修理，是对设备机组或备品备件的修理，不需要涉及主要生产作业线停产停机的计划检修，时间可以是几小时或者几天。

（2）定修。是对主要生产作业线，直接影响整个企业的主要产品停产或停机的计划检修，维修的内容不仅包括更换备件，而且包括解体点检、定期调整试验和预防性检查测试。

（3）年修。与定修基本相同，只是其维修周期较长（在 1 年以上），停机时间较长。

由定修模型可以直观清楚地表示出以上三种检修形式的存在和组合情况，从而为检修计划的制订和实施、检修计划准确性的改进提供了帮助。

2. 帮助设定企业最低限度的维修力量

在现代设备维修管理中，由于维修任务不均衡、维修机构人员限制和检修技术的约束等原因，使得企业仅仅依靠本企业维修技术力量是远远不够的，还必须借助于外协检修力量；本企业的检修队伍只能保持最低限度维持生产正常运转的需要。由于实际维修工作的定量比较困难（抢修工作量变化较大），因此，设定维修基本人数也较困难。而有了定修模型，就可由维修的实际需求较科学地设定最低限度的维修组织的基本人数。

3. 可作为计划值管理的对象进行计划平衡调整

在现代企业中，对原材料、生产规模、资金等生产条件的变化，需要有较为迅速的应对调整反应。因此，对各项计划值的管理要求精度较高，定修模型可对设备维修时间进行迅速的调整平衡，从而加强计划值的管理，做到按时间组织定修。

4. 可均衡地使用检修力量和提高检修效率

定修模型本身直观地反映出了检修负荷分配、组合情况，因此可科学地管理检修力量，使之均衡使用；并可有意识地加以组合调整，使检修工作较均衡，提高检修效率，减少检修管理的频度和强度。

三、定修模型的制订

（一）定修模型制订的依据

（1）企业经营方针和生产任务。

（2）维修方针和维修计划值。

（3）生产成本和维修成本概算。

以上内容均从各自方面对维修提出了要求，也就成为定修模型制订的基础，定修模型必须保证完成各方提出的要求和任务。

（二）制订定修模型的步骤

在以表 4-1 为基础的组织机构组成情况下，制订定修模型的步骤如下。

设备部根据确定的以下情报设定定修模型：

（1）各专业主管按生产的需要和设定表的内容，提出本专业各主要作业线定修周期、负荷以及可参加每次定修的人数。

（2）检修单位提出可参与定修人数。

在以上内容的基础上，专业主管制订初步的设备定修模型方案，上报设备管理部。初步的设备定修模型方案由设备管理部确认，并报领导批准后，下达企业年度检修工程计划。定修模型方案在企业编制年度检修工程计划期间设定，每年设定一次，半年调整一次。即每年9月底前设定下年度定修模型，每年提前一个季度（即在 3 月）调整下半年度定修模型。

（三）定修模型的制订方法

1. 确定各生产工序的定修周期、时间、次数

在电力生产企业中，主要生产工序的定修周期、时间、次数是依据对设备磨损最薄弱部位的分析，以及设备维修最短的周期、时间、次数而确定的，并根据长期实践的经验和反复的试验，总结出一套完整的数据。

为了使发电机组的年度检修有一个规范，点检定修管理明确了对每台发电设备必须有一个各种不同等级的年修循环周期的排列组合，称为年修模型。

我国行业标准规定发电机组检修分为 A、B、C、D 四个等级

（1）A 级检修时间最长，相当于过去的大修。

（2）B 级检修时间比 A 级短，相当于中修。

（3）C 级检修时间比 B 级短，相当于小修。

（4）D 级检修时间最短，一般为 1 周左右，最多不超过 15d。

发电机组各个等级的检修停用时间，在行业标准中已有规定，可供参考，表 4-2 列出了年修标准项目机组的检修停用时间。

表 4-2　　　　　　　　　　　年修标准项目机组的检修停用时间

机组容量 P（MW）	各种检修等级的停用时间（d）			
	A 级检修	B 级检修	C 级检修	D 级检修
$100 \leqslant P < 200$	32～38	14～22	9～12	5～7
$200 \leqslant P < 300$	45～48	25～32	14～16	7～9
$300 \leqslant P < 500$	50～58	25～34	18～22	9～12
$500 \leqslant P < 750$	60～68	30～45	20～26	9～12
$750 \leqslant P < 1000$	70～80	35～50	26～30	9～15

2. 确定各生产工序每次检修的负荷

检修负荷的测定包括四部分内容：年修工程、定修工程、日修工程及紧急修理工作。一般按统计数据测定检修负荷，新企业的新设备可以参照相应的设备来测定。这里特别要注意四部分内容不能混淆，可在日修工程中检修的，不能集中到定修、年修工程中来。

3. 确定各生产单元年修、定修的组合

首先确定各生产单元的生产能力及物料平衡时间，再据此确定各生产单元的定修组合。其具体确定程序是：首先决定企业生产中主要生产单元的设备，即主作业线的设备，并在几个主作业线设备中找出一个最主要的生产设备（例如发电机组）；其次根据物流平衡将某些生产单元组合起来，即以这个主要生产单元为中心组成初组合，有了初组合再核算企业内部的能源平衡和生产平衡，看其是否满足要求，如果满足不了，则再拟订一个新的组合，再次试验、校核，反复进行后将得到一个较理想的组合；最后再经过设备管理部门、运行部门、检修单位共同确认，上报企业领导批准。

4. 确定基本的定修人数

基本的定修人数应根据下述两个原则设定：一是基本人数能满足一般日定修的最高负荷需要；二是基本人数要考虑维修负荷波动的影响，这种波动主要来自抢修负荷骤增和定修、年修负荷增加两个方面，一般可考虑 10%～20% 的波动量。

基本定修人数包括企业本身在职的维修队伍及企业以外的外协维修队伍。企业本身在职的维修队伍包括企业自己的检修维护队伍和长协维护队伍。由于各企业劳动组织、工种配备人员素质不同，因此各企业在相同生产能力下的基本定修人数不尽相同。

（四）发电设备的年修模型

发电设备的年修模型是发电设备年度检修中各种等级的年修循环周期的排列组合。

检修等级是以机组检修规模和停用时间为原则，将发电企业机组的检修分为的不同的级别，目前发电企业的检修分为 A、B、C、D 四个等级。

（1）A 级检修是指对发电机组进行全面的解体检查和修理，以保持、恢复或提高设备性能。

（2）B 级检修是指针对机组某些设备存在问题，对机组部分设备进行解体检查和修理。B 级检修可根据机组设备状态评估结果，有针对性地实施部分 A 级检修项目或定期滚动检修项目。

（3）C 级检修是指根据设备的磨损、老化规律，有重点地对机组进行检查、评估、修理、清扫。C 级检修可进行少量零件的更换、设备的消缺、调整、预防性试验等作业以及实施部分 A 级检修项目或定期滚动检修项目。

（4）D 级检修是指当机组总体运行状况良好，而对主要设备的附属系统和设备进行消缺。D 级检修除进行附属系统和设备的消缺外，还可根据设备状态的评估结果，安排部分 C 级检修项目。

表 4-3 和表 4-4 分别为不同类型发电机组 A 级检修间隔时间和检修等级组合方式与不同容量机组典型年修模型。

表 4-3　　　　　　　　　发电机组 A 级检修间隔和检修等级组合方式

机组类型	A 级检修间隔（年）	检修等级组合方式
进口汽轮发电机组	6～8	组合原则：在两次 A 级检修之间，安排 1 次机组 B 级检修；除有 A、B 检修年外，每年安排 1 次机组 C 检修，并可视情况，每年增加 1 次 D 级检修。如 A 级检修间隔为 6 年，检修等级组合方式为 A-C(D)-C(D)-B-C(D)-C(D)-A（即第 1 年可安排 A 级检修 1 次，第 2 年可安排 C 级检修 1 次、并可视情况增加 D 级检修 1 次，以后照此类推）
国产汽轮发电机组	5～7	
多泥沙水电站水轮发电机组	4～6	
非多泥沙水电站水轮发电机组	8～10	
主变压器	根据运行情况和试验结果确定	C 级检修：每年安排 1 次

表 4-4　　　　　　　　　　　不同容量机组典型年修模型

发电设备类别	机组的年度检修等级安排								年修模型
	第一年	第二年	第三年	第四年	第五年	第六年	第七年	第八年	
600MW 机组（进口）	C	C	C	B	C	C	C	A	
300MW 机组（国产）	C	C	B	C	C	A	C	C	
200MW 机组（国产）	C	B	C	A	C	B	C	A	
125MW 机组（国产）	C	B	C	A	C	B	C	A	

注　1. A-A 级检修，B-B 级检修，C-C 级检修，D-D 级检修。

　　2. 在 C 级检修的年份可视情况增加一次 D 级检修。

任务 3　定　修　计　划

【教学目标】

1. 能理解定修计划内涵。
2. 能清楚定修模型的作用。
3. 会制订发电机组定修计划。
4. 能根据不同的设备类型实施定修优化。

【任务工单】

学习任务	定修计划					
姓名		学号		班级		成绩	

通过学习，能独立回答下列问题。
1. 什么是定修计划？定修计划的内容包括哪些？
2. 定修计划如何分类？
3. 制订定修计划的注意事项有哪些？
4. 如何制订长期定修计划？
5. 如何制订年度定修计划？
6. 如何制订季度定修计划？
7. 如何制订月度定修计划？
8. 什么是设备定修计划策略？
9. A 类设备的定修计划策略是什么？
10. B 类设备的定修计划策略是什么？

【任务实现】

一、定修计划的概念

为维护和提高定修设备的性能而编制的维修设备时所必需的人力、物力和停机时间安排的计划，称为定修计划。

按计划时间周期的长短不同，定修计划分为长期定修计划、年度定修计划、季度定修计划和月度定修计划四种。

定修计划的内容包括：主作业线设备名称、停机日程、时间和次数。

二、定修计划的制订

（一）制订定修计划的基本条件

制订定修计划时应注意以下三点：

（1）制订定修计划时要兼顾设备状况和生产计划两者之间的有机联系，充分掌握设备状况（磨损、性能劣化等）及生产计划，制订提高设备可靠性所必需的、最小限度的设备停机计划。

（2）设备停机时间的确定必须兼顾生产平衡，否则将造成原材料和能源的浪费。

（3）要兼顾维修材料计划。如果维修材料的供货周期长，则会影响维修时间，因此必须早做准备，在提交维修计划的同时编制材料需求计划。

（二）制订定修计划的程序

图 4-7 所示为设备定修计划的制订程序和管理业务流程。各企业可以根据组织机构的实际情况参照进行。

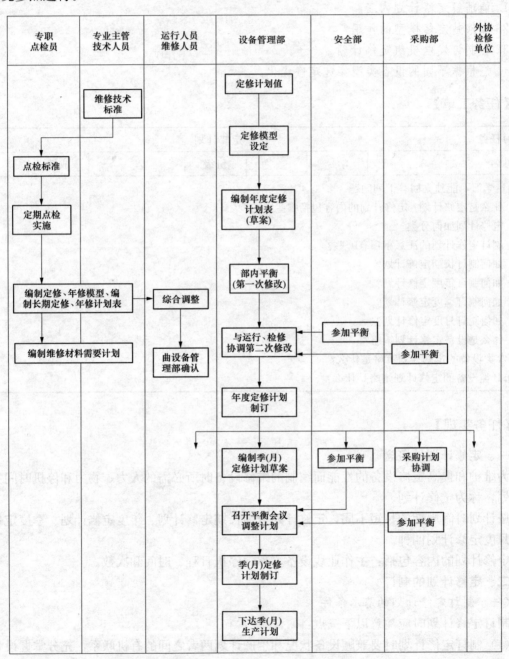

图 4-7　设备定修计划的制订程序和管理业务流程

（三）制订定修计划的方法

以下根据定修计划周期长短分别说明其制订方法。

1. 长期定修计划的制订

设备部门的点检组在生产计划期，根据维修管理部门的方针、过去维修活动的实际和设备状况，制订点检区的长期（两年）定修计划原始方案。其中，头一年是确定的实施计划，第二年是预定的初步计划。对于年修周期长的作业线设备，其计划可跨两年以上。原始方案由专业主管进行第一次调整，设备部门范围内作第二次调整，形成正式的长期定修计划后，下发给检修单位。长期定修计划是一个滚动计划，其内容包括：定（年）修日程、时间及主要工程项目。

2. 年度定修计划的制订

设备管理部在生产计划期，根据点检制订的长期定修计划表，经综合平衡后编制年度定修计划表。专业主管召开会议，做第一次修改；然后，征询检修维护、运行部门意见，进行第二次修改。经设备管理部主任审定后报企业领导批准，随企业生产计划下达。

年度定修计划的编制流程如图 4-8 所示。每年 9 月制订次年的年度定修计划，3 月对下半年的年度定修计划进行一次调整。必须注意，在年度定修计划中要注明年修、大修、大型措施等工程项目摘要。

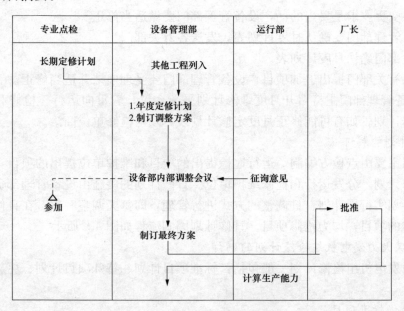

图 4-8 年度定修计划的编制流程

3. 季度定修计划的制订

设备管理部门根据厂领导批准的年度定修计划，提前 80d 编制计划精度较高的、更接近"季度"的日程计划表（征求意见稿）。

在季度定修计划中，要确定各种设备停机所实施的定修工程、年修工程和其他工程的施工日程，该季度定修计划于季前 48d 征求意见，并由设备管理部门确认，一次修改定案，随企业季度生产计划下达，送给有关检修部门，实施日程管理，并把各季度定修计划表送往有关部门。各有关部门根据确定的日程计划，实施日程管理。

由于生产变更、维修材料失误或发生突然事故等而致使计划实施出现问题时，应迅速把要求更改的内容和理由同检修单位联系，由检修单位与设备管理部门联系，及时变更日程计划。

4. 月度定修计划的制订

设备管理部门根据年度定修计划和季度定修计划，提前48d，编制月度定修计划征求意见稿，征询意见后编成初步方案，并于月前18d在例会上进行讨论，生产部门计划人员也参加，一次修改定案，随企业月度生产计划下达，并分送给有关检修单位、运行部门、安全部门和采购部门。由于月度定修计划表是汇总各部门定修计划和主要设备停机的全部工程计划，所以还应包括维修施工以外的其他施工。

月计划的编制应注意以下几点：

（1）工作日列入定修模型。

（2）避免因定修与年修重叠而造成维修力量不足。

（3）考虑前月定修实施日，防止大幅度地改变定修周期。

（4）由于其他维修、生产计划及作业方面出现的问题或外宾参观等原因，有关部门提出变更的要求时，可做适当变更。

（5）检修单位要从劳动力方面研究月度计划表（第一次方案）的可行性，如有变更提出方案。

（6）如果变更要求是妥当的话，设备管理部门要做适当修正。

（7）设备管理部门要确认月度计划表，发送各有关部门。

（8）有关部门确认月度计划表。

（9）如果有关部门提出追加项目，设备管理部门要受理申请并适当修正。

（10）设备管理部门主持召开月度维修计划平衡会议，着重向运行、检修和采购部门说明下月的定修计划。如有可能修正月度定修计划表，须与检修单位商洽。

5. 日修计划的制订

日修计划主要由点检方编制，运行巡检提出的项目和维护单位提出的项目，经点检方确认后编制日修计划，分发运行和检修维护单位。日修计划的实施由设备管理部负责。

对日修计划实行周计划、日调整的方式进行管理，即每天调整一次。在日修调整时仍未提出而后增加的项目，均为抢修项目。日修计划编制流程如图4-9所示。

（四）燃煤火力发电机组检修计划的制订

燃煤火力发电机组检修计划一般包括：标准项目计划、特殊项目计划、更新改造项目计划等。

1. A级检修标准项目

A级检修标准项目应包括：

（1）设备技术要求的项目。

（2）主要设备（不包括附属设备）大修。

（3）根据设备状况和设备技术要求确定的主要设备的附属设备和辅助设备检修项目。

（4）定期监测、试验、校验和鉴定。

（5）按规定需要定期更换零部件的项目。

（6）按各项技术监督规定检查项目。

（7）消除设备和系统的缺陷和隐患。

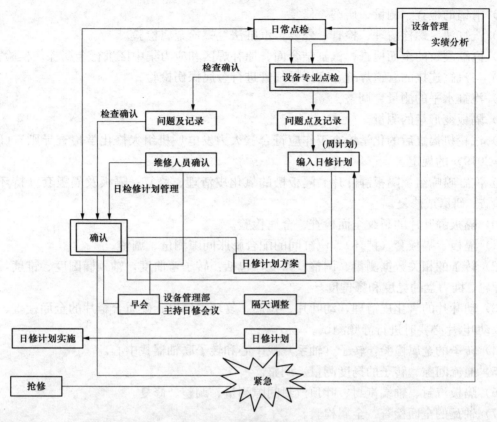

图 4-9　日修计划编制流程

2. B 级检修项目

B 级检修项目应根据设备状态评价及系统的特点和运行状况，在部分 A 级检修项目和定期滚动检修项目中确定。

3. C 级检修标准项目

C 级检修项目应包括：

（1）消除运行中发生的缺陷。

（2）重点清扫、检查和处理易损、易磨部件，必要时进行实测和试验。

（3）按各项技术监督规定检查项目。

（4）定期监测、试验、校验和鉴定。

4. 特殊项目

检修特殊项目是指在标准项目以外，为消除设备先天性缺陷或频发故障，对设备的局部结构或零部件进行更新或改进，恢复设备性能和使用寿命的检修项目，或执行反事故措施、节能措施、技改措施等需要进行的项目。

三、燃煤火力发电机组检修项目

（一）汽轮机设备检修

1. 汽轮机本体

（1）汽轮机本体检修标准项目宜包括：

1）汽缸法兰结合面、蒸汽管道法兰结合面的检查、打磨后的间隙测量。

2）滑销的检查、测量、研磨，修复。

3）汽缸法兰螺栓清理、检查、修复，汽缸法兰螺栓金属检验。

4）汽缸裂纹的全面检查，汽缸结合面、原补焊区和应力集中区进行金属探伤检验。

5）与汽缸连接的管道焊缝、高压导气管进行金属探伤检验。

6）汽缸水平的测量、调整。

7）隔板变形量的测量。

8）汽轮机揭缸后的化学检查工作应符合《火力发电厂机组大修化学检查导则》（DL/T 1115—2019）的规定。

9）汽缸喷嘴组、隔板静叶片、隔板槽的氧化皮清理、修复；隔板及隔板套（持环）中分面检查、研磨或修复。

10）隔板静叶片的裂纹全面检查、金属检验。

11）隔板、隔板套（持环）、汽缸间的配合膨胀间隙测量、调整。

12）转子的相关数据测量、调整、修复，包括：转子弯曲度，轴颈椭圆度、锥度，联轴器、叶轮、推力盘的晃度和瓢偏度。

13）动叶片的氧化皮清理，动叶片、拉筋、复环、铆钉、硬质合金片的全面检查、金属检验，动叶 片必要时进行静频测试。

14）转子的金属检验，转子（轴系）找中心和转子联轴器找中心。

15）通流间隙、转子的扬度测量、调整。

16）隔板汽封、轴端汽封、叶顶汽封间隙测量、调整、修复。

17）轴瓦的全面检查、金属检验。

18）推力瓦块厚度测量，轴瓦乌金、轴承（或垫块）接触点检查、修刮。

19）轴瓦与轴径的间隙、轴瓦与压盖紧力、推力间隙的测量、调整。

20）轴承箱的全面检查，油封的检查、测量、调整。

21）盘车装置的检查、测量、修复。

22）汽缸附件的检查、修复。

23）根据金属监督要求对相关紧固螺栓检验。

24）转子顶起高度测试、调整。

（2）汽轮机本体检修特殊项目宜包括：

1）汽轮机下缸移位检修。

2）汽缸法兰结合面的研磨。

3）更换汽缸法兰螺栓超过总数的 30%。

4）汽缸喷嘴组更换。

5）隔板（静叶片）的更换。

6）隔板主焊缝相控振检查。

7）转子动平衡，直轴。

8）重装或整级更换叶片，叶片或叶片组的静频测试和调频。

9）更换叶轮。

10）更换整套联轴器螺栓。

11）更换新轴瓦或重新浇铸乌金。

12）更换轴承箱、整套盘车装置

2. 主汽阀、调速汽阀

（1）主汽阀、调速汽阀检修标准项目宜包括：

1）阀杆的弯曲度、阀杆与汽封套或阀套的间隙、各种铰链连接件配合间隙等的测量、检查、调整、修复。

2）阀芯与阀座的密封面检查和研磨。

3）阀盖密封面检查、修复，阀盖法兰螺栓金属检验。

4）阀体、阀杆的全面检查、金属探伤检验，滤网的清理、检查、修复。

5）操纵座的检查、修复、调整。

6）测量阀门拆前、装后的行程。

（2）主汽阀、调速汽阀检修特殊项目宜包括：

1）更换阀盖螺栓应超过 30％。

2）更换阀杆、阀芯、阀座、操纵座。

3）阀体、阀座裂纹修复。

3. 调速、保安、润滑、顶轴、密封油系统

（1）调速、保安、润滑、顶轴、密封油系统检修标准项目宜包括：

1）调速、保安部套的检查、清理，配合间隙的测量、调整或更换，弹簧检查及弹簧紧力的调整。

2）危急遮断器的动作转速测试与调整。

3）调速、保安、润滑、密封油系统的油管接口检查，焊口、弯头的全面检查和金属检验。

4）冷油器的清洗、打压查漏。

5）清理滤网或更换滤芯。

6）密封油系统油压调节部套检查、清洗、调整。

7）润滑油系统油压调节部套检查、清洗、调整。

8）顶轴油系统油压调整、部套检查、清洗。

9）电磁阀、伺服阀的校验与调整。

10）油箱清理，油质过滤。

11）蓄能器的检查、充压。

12）油系统压力容器的试验与金属检验。

（2）调速、保安、润滑、顶轴、密封油系统检修特殊项目宜包括：

1）更换新的调速、保安部套。

2）更换冷油器的冷却管或更换新冷油器。

3）清洗全部油管道。

4）更换全部润滑油或抗燃油。

4. 水泵、油泵、风机

（1）水泵、油泵、风机检修标准项目宜包括：

1）叶轮（叶片）、导叶的叶片全面检查，可进行金属探伤检验，密封环的密封间隙测量、调整。

2）给水泵转子的动平衡检验和调整。

3）主轴弯曲度的测量，泵轴与叶轮、轴套、键、平衡盘、联轴器等各部件的配合间隙或过盈值的测量，叶轮、平衡盘、联轴器的瓢偏与晃度的测量、修复。

4）泵轴键槽、凸肩部位宜进行金属检验。

5）转子部件与静子部件的径向、轴向相关间隙的测量与调整。

6）滚动轴承检查，配合间隙或紧力的测量、调整。

7）滑动轴承的全面检查，宜进行着色检查，推力瓦块厚度测量；轴瓦与轴颈的间隙和与瓦盖的紧力测量、调整；接触点的检查、修刮，推力间隙的测量、调整。

8）轴承室及附件的检查、清理。

9）水润滑类滑动轴承的润滑间隙测量、调整。

10）轴封装置的检查、清理、调整。

11）齿轮泵、螺杆泵、滑片泵、罗茨真空泵、旋转活塞泵等容积泵的转子部件检查和配合间隙测量、修复。

12）喷射泵的喷嘴清理、检查、修复，混合室的清理、检查。

13）联轴器找中心。

（2）水泵、油泵、风机检修特殊项目宜包括：

1）更换叶轮（叶片）、导叶。

2）更换新主轴。

5．液力偶合器

（1）液力偶合器检修标准项目宜包括：

1）调速机构部件清洗、检查、配合间隙测量、调整。

2）齿轮的检查，啮合间隙测量、修复。

3）滚动轴承检查，配合间隙、紧力的测量、调整、修复。

4）滑动轴承的全面检查，宜进行着色检查，推力瓦块厚度测量；轴瓦与轴颈的间隙和与瓦盖的紧力测量、调整；接触点的检查、修刮，推力间隙的测量、调整。

5）主动轮、从动轮叶片全面检查、金属探伤检验。

6）油管道的焊口检查、修复。

7）油箱清洗、滤油。

8）冷油器的管束清洗、打压查漏。

9）清洗滤网或更换滤芯。

10）联轴器找中心。

（2）液力偶合器检修特殊项目宜包括：

1）更换齿轮。

2）转子动平衡试验。

6．高压加热器、低压加热器、除氧器

（1）高压加热器、低压加热器、除氧器检修标准项目宜包括：

1）高压加热器、低压加热器的管束查漏。

2）高压加热器、低压加热器、除氧器壳体、封头的焊口金属检验。

3）高压加热器、低压加热器水室的清理检查。

4）附件的检查、修复。

5）除氧器的喷嘴、填料检查、修复。

6）法兰密封面清理、检查、研磨，更换密封垫片。

7）高压加热器、低压加热器、除氧器进行定期试验和检验工作应符合《固定式压力容器安全技术监察规程》（TSG 21—2016）的规定。

8）高压加热器、低压加热器、除氧器的化学检验工作应符合 DL/T 1115—2019 的规定。

（2）高压加热器、低压加热器、除氧器检修特殊项目宜包括：

1）高压加热器、低压加热器管束的清洗。

2）更换高压加热器、低压加热器管束。

3）除氧水箱防腐处理。

7. 凝汽器

（1）凝汽器检修标准项目宜包括：

1）凝汽器的查漏。

2）凝汽器抽管分析检查。

3）凝汽器喉部检查、修复，底部支撑部件检查。

4）阴极、阳极保护及衬胶防腐检查。

5）附件的检查、修复。

6）凝汽器热井清理。

7）凝汽器的二次滤网清理。

8）清洗装置的检查、修复。

9）凝汽器的化学检验工作应符合 DL/T 1115—2019 的规定。

（2）凝汽器检修特殊项目宜包括：

1）凝汽器管束的清洗。

2）更换凝汽器管束。

3）凝汽器水室防腐处理。

8. 其他压力容器、换热器

其他压力容器、换热器检修标准项目宜包括：

（1）壳体、封头的焊口金属检验。

（2）板式换热器的换热片清洗。

（3）轴封加热器疏水水封检查、查漏。

（4）进行定期试验和检验工作应符合 TSG 21—2016 的规定。

（5）化学检验工作应符合 DL/T 1115—2019 的规定。

9. 阀门

（1）阀门检修标准项目宜包括：

1）阀杆、阀芯的检查，阀杆弯曲测量，相关配合间隙测量。

2）阀体及内部静止部件的检查。

3）阀芯与阀座的密封面检查、修复。

4）法兰密封面的清理、检查、修复。

5) 阀体、焊口的全面检查、金属探伤检验。

6) 更换密封件。

7) 轴承和套筒螺母清洗检查、修复。

8) 弹簧的检查、调整。

9) 执行机构、传动装置检查、修复。

10) 阀门的行程校验。

11) 安全门定期排放试验和检验应符合《电站锅炉安全阀技术规程》（DL/T 959—2020）的规定。

（2）阀门检修特殊项目宜包括：

1) 更换阀杆、阀芯。

2) 更换阀座、阀盖。

10. 管道及支吊架

（1）管道及支吊架检修标准项目宜包括：

1) 管道测厚，焊口、弯头金属检验应符合金属监督要求。

2) 主蒸汽管道的蠕胀测量。

3) 循环水管道等的清理、检查，阴极、阳极保护及防腐检查。

4) 支吊架、支座的检查、调整，弹簧的检查、调整。

（2）管道及支吊架检修特殊项目宜包括：

1) 更换主蒸汽管、再热蒸汽管、给水管及其三通、弯头。

2) 小口径管更换应符合金属监督要求。

3) 循环水管道的大面积防腐处理。

4) 大量更换高、中、低压管道及管道附件。

11. 冷却塔

（1）冷却塔检修标准项目宜包括：

1) 水塔网架、填料、配水装置、喷嘴的检查、修复。

2) 塔池的淤泥清理。

3) 内部管道检查、修复，步道、栏杆的检查、防腐处理。

4) 出水滤网清理、检查、修复。

5) 塔筒体的支撑防腐检查。

6) 间冷塔散热片水冲洗。

7) 间冷塔散热器及附件全面检查、修复。

（2）冷却塔检修特殊项目宜包括：

1) 大量更换填料、配水装置、喷嘴。

2) 内部管道防腐处理。

3) 水塔筒体、支撑的防腐。

4) 间冷塔散热器的更换。

12. 空冷凝汽器

（1）空冷凝汽器检修标准项目宜包括

1) 空冷凝汽器散热片水冲洗，风机室水冲洗。

2）排汽装置、波纹膨胀节、喷嘴的检查、修复。

3）风机的检查、调整、修复。

4）滤网的清理。

（2）空冷岛凝汽器检修特殊项目宜包括：散热片的更换。

13. 汽轮机检修试验

（1）汽轮机检修标准试验项目宜包括：

1）修前试验包括：汽轮机性能试验，真空严密性试验，安全门排放试验。

2）启动前和启动过程中试验包括：主机调速系统静止试验，机组自动主汽门、调速汽门严密性及关闭时间试验，汽轮机喷油试验，抽汽止回阀关闭时间试验，模拟甩负荷试验，主机超速试验。

3）并网后试验包括：汽轮机修后性能试验，凝汽器真空严密性试验，机组抽汽、回热系统测试试验。

（2）汽轮机检修特殊试验项目宜包括：汽轮机铭牌工况出力测试，给水泵组性能测试试验，循环水泵性能测试试验，汽轮机甩负荷试验。

（二）电气设备检修

1. 发电机

（1）发电机定子检修标准项目宜包括：

1）检查端盖、护板、导风板、密封垫。

2）检查清扫定子绕组引出线和套管、铁芯压板、绕组端部绝缘，并检查夹件，螺栓，绑绳紧固 情况。

3）检查清扫铁芯、槽楔及通风沟处线棒绝缘。

4）水内冷定子绕组进行通水反冲洗及水压、流量试验，绕组绝缘引水管检查。

5）槽楔松紧度检查。

6）检查、校验测温元件。

7）电气试验应符合《电力设备预防性试验规程》（DL/T 596—2021）的规定。

8）定子绕组端部测振。

（2）发电机定子检修特殊项目宜包括：

1）更换定子线棒或修理线棒绝缘。

2）重新焊接定子端部绕组接头。

3）更换槽楔或端部垫块应达到 25％以上。

4）修理铁芯局部或解体重装。

5）抽查水内冷定子绕组水电接头超过 6 个。

6）更换水内冷定子绕组引水管应超过 25％。

（3）发电机转子检修标准项目宜包括：

1）测量空气间隙、护环与铁芯轴向间隙，校核磁力中心。

2）检查和吹扫转子端部绕组，检查转子槽楔、护环、中心环、风扇、轴颈及平衡块。

3）检查、清扫刷架、滑环、引线，滑环修复。

4）水内冷转子绕组进行通水反冲洗和水压、流量试验，氢内冷转子进行通风试验和气密试验。

5）内窥镜检查水内冷转子引水管。

6）转子大轴中心孔、护环、风扇叶片金属检验。

7）电气试验应符合 DL/T 596—2021 的规定。

（4）发电机转子检修特殊项目宜包括：

1）拔护环处理绕组匝间短路或接地故障。

2）更换风扇叶片、滑环及引线。

3）更换转子绕组绝缘。

4）更换转子护环、中心环等重要结构部件。

5）更换转子引水管。

6）励磁母线连接面镀银。

7）测量转子风扇静频。

8）内窥镜检查转子通风孔。

（5）发电机冷却系统检修标准项目宜包括：

1）空冷发电机风室清扫，严密检查。

2）空气冷却器和气体过滤器检查及清扫。

3）水内冷发电机冷却器检查及清理、水压试验，消除泄漏。

4）氢冷发电机氢气冷却器和氢气系统、二氧化碳系统检查，气密试验。

5）氢冷发电机的整体气密性试验。

（6）发电机冷却系统检修特殊项目宜包括：

1）冷却器管内壁清洗。

2）更换冷却器。

（7）主励磁机检修标准项目宜包括：

1）检查定子绕组、铁芯。

2）检查转子绕组、铁芯。

3）检查修复滑环。

4）通风装置和冷却器检查、清理。

5）电气试验应符合 DL/T 596—2021 的规定。

（8）副励磁机检修标准项目宜包括：

1）检查定子绕组、铁芯。

2）检查转子磁极。

3）检查定子、转子间隙。

4）电气试验应符合 DL/T 596—2021 的规定。

（9）励磁变检修标准项目宜包括：

1）励磁变压器本体检查、清扫。

2）冷却风机、温控箱检查、清扫。

3）交直流励磁母线箱检查、清扫。

4）电气试验应符合 DL/T 596—2021 的规定。

（10）励磁开关及整流组件检修标准项目宜包括：

1）检查整流装置。

2）励磁开关及励磁回路的其他设备的检查、修理。

3）电气试验应符合 DL/T 596—2021 的规定。

（11）发电机励磁系统检修特殊项目宜包括：

1）励磁机定子、转子绕组或滑环更换。

2）励磁变压器检修。

3）功率整流元件更换应超过 30%。

（12）发电机其他部件检修标准项目宜包括：

1）检查油管道法兰及励磁机轴承座的绝缘件，发电机轴瓦及密封瓦乌金的宏观检查、金属检验、修复。

2）发电机轴瓦及密封瓦与轴颈的配合间隙测量、调整。

3）检查、清扫和修理发电机的配电装置、母线、电缆。

4）检查封闭母线支持绝缘子底座密封垫、盘式绝缘子密封垫、窥视孔密封垫和非金属伸缩节密封垫。

5）电流互感器、电压互感器、中性点接地装置检查。

6）发电机转子接地碳刷装置检查。

7）氢气干燥器检查。

8）微正压检查，封闭母线保压试验应符合《金属封闭母线》（GB/T 8349—2000）的规定。

9）电气试验应符合 DL/T 596—2021 的规定。

10）检查灭火装置。

（13）发电机其他部件检修特殊项目宜包括：

1）更换配电装置、较多电缆。

2）封母耐压试验。

3）发电机轴瓦及密封瓦乌金重新浇铸。

（14）发电机并网前试验项目宜包括：

1）发电机转子绕组交流阻抗、绝缘电阻试验。

2）发电机空载特性试验。

3）发电机并网后试验项目宜包括发电机轴电压测量。

2.油浸变压器

（1）油浸变压器外壳和绝缘油检修标准项目宜包括：

1）外壳及其附件检查和清扫，消除渗漏点。

2）防爆管、压力释放阀、气体继电器等安全保护装置检查校验。

3）油枕、呼吸器、油位指示装置检查及清扫。

4）绝缘油的电气试验和化学试验，并根据油质情况，进行绝缘油处理。

5）外壳、铁芯、夹件接地检查。

6）检查胶囊、隔膜式储油柜。

（2）油浸变压器外壳和绝缘油检修特殊项目宜包括：

1）绝缘油更换。

2）散热器更换或焊补。

3）更换储油柜胶囊和隔膜。

（3）油浸变压器铁芯和绕组检修标准项目宜包括：

1）检查铁芯、铁壳接地情况及穿芯螺栓紧固、绝缘，检查及清理绕组及绕组压紧装置、垫块、引线各部分螺栓、接线板。

2）测量油道间隙，检测绝缘材料老化程度。

3）绕组变形检查。

4）钟罩磁屏蔽检查。

5）电气试验应符合 DL/T 596—2021 的规定。

（4）油浸变压器铁芯和绕组检修特殊项目宜包括：

1）补焊外壳。

2）修理或更换绕组。

3）干燥绕组。

4）修理铁芯。

5）密封式变压器吊罩。

（5）油浸变压器冷却系统检修标准项目宜包括：

1）风扇电动机大修、控制回路检查。

2）强迫油循环泵、油流继电器及其控制回路、管路、阀门检查、修理。

3）冷却器检查、清理。

（6）油浸变压器冷却系统检修特殊项目宜包括：

1）油泵或电动机更换。

2）冷却器更换。

（7）油浸变压器其他部件检修标准项目宜包括：

1）全部密封胶垫更换。

2）分接开关检查应符合《电力变压器分接开关运行维护导则》（DL/T 574—2021）的规定。

3）全部套管检查清扫、充油式套管的绝缘油质检验并补油、末屏检查、电气试验。

4）变压器一次系统的配电装置及电缆检查及清扫。

5）测量仪表、保护装置、在线监测装置及控制信号回路检查、校验。

6）检查充氮保护装置。

7）消防系统检查、试验。

8）清理事故油池。

（8）油浸变压器其他部件检修特殊项目宜包括：

1）更换分接开关部件。

2）套管更换。

3. 高压电动机

（1）高压电动机定子检修标准项目宜包括：

1）清理定子铁芯及线圈。

2）检查铁芯、槽楔、端部线圈、引线及接线瓷瓶、接线柱。

3）检查电加热及温度测点。

4）检查中性点电流互感器。

5）清扫冷风器、检查接线盒密封。

6）定子水冷器清洗、水压试验。

7）检查同步电动机时还应对励磁设备进行检查、清扫、紧固、调试并调整滑环的正负极性。

8）滑环表面修复。

9）电气试验应符合 DL/T 596—2021 的规定。

10）检查、清扫电动机风扇、风箱。

（2）高压电动机转子检修标准项目宜包括：

1）测量电动机空气间隙，校核磁力中心。

2）清扫转子铁芯及线圈；

3）检查铁芯、笼条、短路环、风扇。

4）检查转子、键槽及平衡块。

（3）高压电动机轴承检修标准项目宜包括：

1）滚动轴承外观检查，配合间隙或紧力的测量。

2）滑动轴承检查，轴瓦与轴颈的间隙和与瓦盖的紧力测量与调整，接触点的检查与修刮，推力间隙的测量与调整。

3）检查轴承绝缘。

4）检查、清洗轴承室、密封治理。

4. 厂用系统 10kV 及以下断路器、干式变压器、电力电缆、高压变频器

（1）真空断路器检修标准项目宜包括：

1）断路器本体外部检查，清扫瓷套。

2）真空泡外观检查。

3）传动部分连杆、轴销检查，加油及螺栓紧固。

4）绝缘子及绝缘筒外壳清扫、检查，接线端子螺栓紧固。

5）电气控制回路各元件检查、清扫，螺栓紧固。

6）避雷器、高压带电显示器检查。

7）五防传动、调整试验。

8）防潮加热装置检查。

9）开关机械特性试验。

10）电气试验应符合 DL/T 596—2021 的规定。

（2）空气断路器检修标准项目宜包括：

1）触头、灭弧罩检查。

2）各部件清扫、螺栓紧固，转动部分加润滑油，引线螺栓紧固。

3）二次控制回路各元件检查、清扫，端子螺栓紧固。

4）保护装置检查、校验。

5）电气试验应符合 DL/T 596—2021 的规定。

（3）干式变压器检修标准项目宜包括：

1）整体清扫。

2）本体检查。

3）冷却风机检修。

4）温度显示控制装置检查。

5）电气试验应符合 DL/T 596—2021 的规定。

（4）电力电缆检修标准项目宜包括：

1）电缆各部清扫。

2）检查电缆接头、终端头。

3）电缆封堵。

4）防火装置检查。

5）电气试验应符合 DL/T 596—2021 的规定。

（5）高压变频器检修标准项目宜包括：

1）二次控制回路清扫、检查，端子螺栓紧固。

2）逻辑功能检验。

3）定值核对。

5. 输变电设备

输变电设备检修项目宜包括：

（1）输变电设备检修项目的确定应符合 DL/T 596—2021、《高压开关设备和控制设备标准的共用技术要求》（DL/T 593—2016）的规定，并结合年度春季、秋季预试工作计划安排。

（2）电气试验检修周期和检修项目的确定，依据设备制造厂家的产品说明书，并符合技术监督要求。

（3）输变电设备接近或达到产品规定的使用年限、机械寿命或电寿命时应进行解体大修，即对设备 主要的关键零部件进行全面检查、维修和更换。

（4）输变电设备运行 1～3 年应进行一次预防性检查、清扫、电气试验工作，检查项目制订宜采用状态检修和预防检修相结合方式。

（5）输变电设备检修项目的确定，应结合运行过程中的状态和劣化分析制订，检修施工阶段要严格 执行检修作业文件包制度。

6. 接地装置

接地装置检修项目宜包括：

（1）检查有效接地系统的电力设备接地引下线与接地网的连接情况。

（2）抽样开挖检查发电厂、变电站所在地接地网的腐蚀情况。

（3）设备接地引下线和接地网的检查、测试应符合 DL/T 596—2021 的规定。

7. 继电保护设备检修

（1）发电机变压器组系统检修标准项目宜包括：

1）保护、控制、信号二次回路清扫检查、端子紧固。

2）交直流回路绝缘电阻测量。

3）保护用电流互感器特性试验（极性、变比、伏安特性、二次负载测试、回路直流电阻测量）。

4）保护装置、继电器及仪表变送器全部校验。

5）非电气量保护全部校验。

6）保护、控制、信号二次回路传动试验。

7）保护带开关整体传动试验。

（2）发电机变压器组系统检修特殊项目宜包括：

1）更换保护装置插件。

2）更改保护定值、软件版本升级。

3）发电机励磁系统二次部分。

（3）发电机励磁系统二次部分检修标准项目宜包括：

1）励磁系统调节器柜清扫、检查。

2）励磁系统过电压、灭磁柜清扫、检查。

3）励磁系统整流柜清扫、检查、通流试验。

4）励磁系统电流互感器、电压互感器回路检查。

5）灭磁电阻测试。

6）励磁系统保护功能检验、定值校验。

7）励磁系统风机切换试验。

8）励磁系统信号回路传动。

9）发电机励磁系统开环试验。

（4）发电机励磁系统二次部分检修特殊项目宜包括：

1）更换调节器控制插件。

2）更换整流元件。

3）更换灭磁电阻。

（5）厂用系统检修标准项目宜包括：

1）保护、控制、信号二次回路清扫检查、端子紧固。

2）交直流回路绝缘电阻测量。

3）保护用电流互感器特性试验（极性、变比、伏安特性、二次负载测试、回路直流电阻测量）。

4）保护装置、快切装置、备自投装置、继电器及仪表变送器全部校验。

5）保护、控制、信号二次回路传动试验。

6）保护带开关整组传动试验。

（6）厂用系统检修特殊项目宜包括：

1）更换保护装置插件。

2）更改保护定值、软件版本升级。

3）机组故障录波器系统

（7）机组故障录波器系统检修项目宜包括：

1）交流、直流、信号二次回路清扫检查、端子紧固。

2）交直流回路绝缘电阻测量。

3）电流互感器特性试验（极性、变比、伏安特性、二次负载测试、回路直流电阻测量）。

4）装置全部检验。

5）回路传动试验。

（8）同期系统检修项目宜包括：

1）交流、直流、信号二次回路清扫检查、端子紧固。

2）交直流回路绝缘电阻测量。

3）同期装置全部检验。

4）同期系统继电器、同期表校验。

5）传动试验。

（9）直流系统检修标准项目宜包括：

1）交流、直流、信号回路清扫检查、端子紧固。

2）蓄电池本体保养、检查。

3）蓄电池充放电试验。

4）直流充电模块外观清扫检查。

5）直流充电模块绝缘电阻测量。

6）直流充电模块稳流、稳压精度测试。

7）直流充电模块纹波系数测试。

8）直流充电模块并机均流试验。

9）直流充电模块显示及检测功能试验。

10）直流充电模块电压调整功能试验。

11）直流充电装置保护及报警功能试验。

12）绝缘监察装置外观检查、清扫。

13）绝缘监察装置电阻测量。

14）绝缘监察装置接地报警值、报警功能试验。

15）绝缘监察装置电压测量功能检验。

16）仪表变送器全部校验。

（10）直流系统检修特殊项目宜包括：

1）更换蓄电池。

2）更改报警定值。

3）更换直流充电模块。

（11）不间断电源（uninterruptible power supply，UPS）检修标准项目宜包括：

1）主机柜清扫、检查。

2）旁路柜清扫、检查。

3）馈线柜清扫、检查。

4）仪表变送器全部校验。

5）信号回路传动。

6）切换试验、电压调整试验。

（12）UPS 检修特殊项目宜包括：

1）更换冷却风扇。

2）更换电容等元器件。

（13）继电保护设备大修试验项目机组启动过程中试验包括：发电机短路试验、发电机空载试验、励磁系统闭环试验、同期回路定相试验、假同期试验及并列试验、发电机并网后的励磁系统试验、发电机三次谐波定子接地保护整定试验、发电机并网带负荷厂用电切换试验。

(三) 锅炉设备检修

1. 锅炉本体

(1) 汽包检修标准项目宜包括:

1) 化学监督定性检查汽包内部腐蚀、结垢情况并清理。

2) 金属监督检查汽包内外壁环、纵焊缝,下降管及其他可见管管座角焊缝,人孔门加强圈焊缝和内部构件焊缝。

3) 检查汽水分离装置及附件的完整性、严密性和固定情况,检修汽水分离装置。

4) 检查、清理并疏通内部给水管、事故放水管、加药管、排污管、取样管和水位计、压力表的连通管。

5) 检查汽包活动支座、吊架、吊杆完好情况和接触情况。

6) 测量汽包中心线水平度及校验水位计零位。

7) 检修人孔门、密封面及其附件。

(2) 汽包检修特殊项目宜包括:

1) 更换汽水分离装置应超过 25%。

2) 拆卸保温层应超过 50%。

3) 汽包补焊、挖补及开孔。

(3) 启动分离器检修标准项目宜包括:

1) 化学监督定性检查启动分离器内部腐蚀、结垢情况并清理。

2) 金属监督检查启动分离器内外壁焊缝、结构件焊缝及其他可见管管座角焊缝。

3) 检查启动分离器阻水装置和消旋器完好情况。

4) 检查活动支座、吊架、吊杆完好情况和接触情况。

5) 检查、清理并疏通内部给水管、取样管和水位计、压力表的连通管。

(4) 启动分离器检修特殊项目宜包括:

1) 启动分离器补焊、挖补及开孔。

2) 更换启动分离器。

(5) 炉水循环泵检修标准项目宜包括:

1) 检修炉水循环泵轴承、转子、叶轮、泵壳、紧固螺栓等。

2) 检修炉水循环泵电动机。

3) 检修过滤器、滤网、高压阀门及管路。

4) 检查、清理冷却器及冷却水系统。

(6) 炉水循环泵检修特殊项目宜包括:

1) 更换炉水循环泵及其轴承、转子、叶轮、泵壳、紧固螺栓等。

2) 更换炉水循环泵电动机。

(7) 省煤器检修标准项目宜包括:

1) 清扫管子外壁积灰。

2) 检查管子磨损、腐蚀、弯曲、变形、裂纹、疲劳、胀粗、过热、鼓包、蠕变等情况,并测厚。

3）检查管排支吊架、管卡，校正管排。

4）检查管子防磨装置。

5）更换缺陷管和不合格防磨装置。

6）割管检查腐蚀结垢情况，并留影像资料。

（8）省煤器检修特殊项目宜包括：

1）更换省煤器管应超过 5%。

2）省煤器管化学清洗。

3）增、减省煤器受热面应超过 10%。

（9）水冷壁检修标准项目宜包括：

1）清扫管子外壁焦渣和积灰。

2）检查管子磨损、腐蚀、弯曲、变形、裂纹、疲劳、胀粗、过热、鼓包、蠕变等情况，并测厚。

3）检查管子焊缝、鳍片及炉墙变形情况。

4）更换缺陷管。

割管检查腐蚀结垢情况，并留影像资料。

（10）水冷壁检修特殊项目宜包括：

1）更换水冷壁管应超过 5%。

2）水冷壁化学清洗。

（11）过热器、再热器检修标准项目宜包括：

1）清扫管子外壁积灰。

2）检查管子磨损、腐蚀、弯曲、变形、裂纹、疲劳、胀粗、过热、鼓包、蠕变等情况，并测厚。

3）检查管排定位装置、管卡，校正管排。

4）检查管子防磨装置。

5）更换缺陷管和不合格防磨装置。

6）检查受热面易堆积氧化皮部位。

7）割管检查腐蚀结垢情况，并留影像资料。

（12）过热器、再热器检修特殊项目宜包括：

1）更换过热器、再热器管应超过 5%。

2）过热器、再热器管化学清洗。

3）增、减过热器、再热器受热面应超过 10%。

（13）联箱检修标准项目宜包括：

1）检查省煤器、水冷壁、过热器、再热器联箱管座角焊缝。

2）打开联箱手孔或割下封头，检查内部腐蚀、结垢情况并清理。

3）测量运行温度 450℃以上蒸汽联箱的蠕胀，检查联箱管座焊口。

4）检查联箱出口导气管弯头、集汽联箱焊缝。

5）检查、调整所有联箱膨胀指示器。

6）检查联箱悬吊装置。

（14）联箱检修特殊项目宜包括：

1）联箱补焊、挖补及开孔。

2）更换联箱。

（15）减温装置检修标准项目宜包括：

1）化学监督定性检查内部结垢情况。

2）金属监督检查混合式减温装置联箱及内套筒内外壁裂纹，检查喷水管冲刷、磨损、裂纹情况。

3）金属监督检查表面式减温装置联箱内部换热元件冲刷、磨损、裂纹情况。

（16）减温装置检修特殊项目宜包括：

1）更换混合式减温装置内套筒、喷水管。

2）更换表面式减温装置内部换热元件。

3）更换减温装置总成。

（17）燃烧器检修标准项目宜包括：

1）清理燃烧器、二次风、燃尽风喷口周围的结焦，修补卫燃带。

2）检修磨损、开裂的燃烧器喷口和风筒。

3）检修二次风、燃尽风喷口和风量调节挡板。

4）检修一次风管道、弯头、节流缩孔，二次风、燃尽风风箱内部支撑、导流板。

5）校核燃烧器喷口、助燃风喷口、燃尽风喷口调整机构。

（18）燃烧器检修特殊项目宜包括：

1）更换燃烧器、二次风或燃尽风喷口应超过 30％。

2）更换风量调节挡板应超过 60％。

3）更换一次风管道、弯头应超过 20％。

4）更换风箱面积应超过 20％。

（19）吹灰器检修标准项目宜包括：

1）检修进汽阀、喷嘴、喷管、套管。

2）检修减速装置及链条、链轮等传动机构。

3）检修托轮、密封盒。

（20）吹灰器检修特殊项目宜包括：

1）更换吹灰器减速装置、链条。

2）更换吹灰器喷管、套管。

2. 汽水管道阀门

（1）汽水管道阀门检修标准项目宜包括：

1）检查主蒸汽管道、再热蒸汽管道、主给水管道直段、三通、弯头、管座、预埋件等弯曲、变形、蠕胀、腐蚀、裂纹情况，测量壁厚。

2）检查汽水连接管弯曲、变形、蠕胀、腐蚀、裂纹等情况，测量壁厚。

3）检查排污管、疏水管、减温水管、压力表管、取样管等三通、弯头壁厚及焊缝。

4）检查高温高压法兰、螺栓、温度计接管座。

5）检查管道流量测量装置。

6）检查、调整管道膨胀指示器。

7）检查、调整管道支吊架。

8）检查安全门排汽管及消声器焊缝。

9）汽水管道阀门检验应符合《火力发电厂金属技术监督规程》（DL/T 438—2016）的规定。

（2）汽水管道阀门检修特殊项目宜包括：

1）更换主蒸汽管道、再热蒸汽管道、主给水管道直管段及其三通、弯头，大量更换其他汽水管道。

2）更换高压主汽门、主给水门。

3）更换主蒸汽管道、再热蒸汽管道安全阀。

3. 烟风系统

（1）风机检修标准项目宜包括：

1）检修风机联轴器、主轴、叶轮、集流器、壳体。

2）检修风机动静叶片调节机构及传动装置。

3）检修风机转子、轴承、轴承箱及冷却装置。

4）检修风机润滑油系统、控制油系统换热器、管道、阀门。

5）检修风机液力偶合器。

6）风机叶轮校验平衡。

7）检修出入口烟风道、挡板门、插板门。

（2）风机检修特殊项目宜包括：

1）更换风机叶片级调节机构、叶轮、外壳等。

2）滑动轴承重浇乌金。

（3）烟风道、暖风器及其附件检修标准项目宜包括：

1）检查烟风道、加强筋、膨胀节磨损、漏风、裂纹、开焊、变形等情况并修理。

2）检查暖风器积灰、磨损、腐蚀情况并修理。

3）检查烟风道挡板门、插板门泄漏、动作情况并修理。

（4）烟风道、暖风器及其附件检修特殊项目宜包括：

1）更换烟风道保温超过50%面积。

2）更换烟风道伸缩节。

3）更换烟风道挡板门、插板门。

4）更换暖风器换热管束超过5%。

（5）空气预热器检修标准项目宜包括：

1）清扫空气预热器壳体及换热元件积灰。

2）检查管式空气预热器管件腐蚀、磨损情况。

3）调整回转式空气预热器各部位密封装置。

4）检修回转式空气预热器减速机传动机构、转子轴承等。

5）检查回转式空气预热器转子、扇形板、弧形板，测量转子晃度。

6）检修回转式空气预热器转子轴承冷却水系统、润滑油系统。

7）检修烟风道进出口挡板门、插板门、膨胀节。

8）检修吹灰装置、消防系统及水冲洗系统。

（6）空气预热器检修特殊项目宜包括：

1）更换管式空气预热器整组防磨套管。

2）更换管式空气预热器管子超过 10%。

3）校正回转式空气预热器转子。

4）更换回转式预热器传热元件超过 20%。

5）翻身或更换回转式空气预热器转子围带。

6）更换回转式空气预热器上、下轴承。

7）解体清理蓄热元件。

4. 制粉系统

（1）给煤及给粉系统检修标准项目宜包括：

1）检修给煤机、给粉机、输粉机皮带、托辊、刮板、链条及传动装置。

2）检查、修复下煤管、煤粉管道缩口、弯头、膨胀节。

3）清扫、检查煤粉仓粉位测量装置、吸潮管、锁气器、皮带等。

4）检修防爆门、风门、刮板、链条及传动装置等。

5）清扫、检查消防系统。

6）检查风粉混合器。

7）检查、修理原煤斗及其框架焊缝。

（2）给煤及给粉系统检修特殊项目宜包括：

1）更换给煤机、给粉机、输粉机皮带或链条。

2）更换煤粉管道应超过 20%。

（3）磨煤机检修标准项目宜包括：

1）消除磨煤机和制粉系统的漏风、漏粉、漏油及修理防护罩，检查、修理风门、挡板、润滑系统、油系统等。

2）检修细粉分离器、粗粉分离器及除木器等。

3）检查煤粉仓、风粉管道、粉位测量装置及灭火设施，检查、更换防爆门等。

4）球磨机检修宜包括：

a. 检修大小齿轮、对轮及其传动、防尘装置。

b. 检查筒体及焊缝，检修钢瓦、衬板、螺栓等，筛选补加钢球。

c. 检修润滑系统、冷却系统、进出口料斗螺旋管及其他磨损部件。

d. 检查轴承、油泵站、各部螺栓等。

e. 检修变速箱装置。

f. 检查空心轴及端盖等。

5）中速磨煤机检修宜包括：

a. 检查本体，更换磨损的磨环、磨盘、磨碗、衬板、磨辊、磨辊套、风环等，检修传动装置。

b. 检修石子煤排放阀、风环及主轴密封装置。

c. 调整加载装置，校正中心。

d. 检查、清理润滑系统及冷却系统，检修液压系统。

e. 检查、修理密封风系统，检查进出口挡板、一次风室，校正风室衬板，更换刮板。

f. 检查、修理动态分离器。

6）高速锤击式、风扇式磨煤机检修宜包括：

a. 补焊或更换轮锤、锤杆、衬板及叶轮等磨损部件。

b. 检修轴承及冷却装置、主轴密封、冷却装置。

c. 检修膨胀节。

d. 校正中心。

e. 检修石子煤输送、排放系统。

（4）磨煤机检修特殊项目宜包括：

1）检查、修理基础、基板。

2）修理滑动轴承球面、乌金或更换损坏的滚动轴承。

3）更换球磨机大齿轮或大齿轮翻身，更换整组衬瓦、大型轴承或减速箱齿轮。

4）更换中速磨煤机传动蜗轮、伞形齿轮或主轴。

5）更换高速锤击式磨煤机或风扇式磨煤机的外壳或全部衬板。

6）更换或改进细粉分离器或粗粉分离器。

5. 点火系统

（1）燃油点火系统检修标准项目宜包括：

1）清理油枪、油管路、雾化喷嘴、滤网、燃烧筒等部件。

2）检修进风调节挡板、稳燃罩。

3）检修燃油调节门、进回油总门和支路门。

4）检查油管管系跨接线及接地装置。

5）清理、吹扫助燃风系统、压缩空气系统。

6）检查暖风器换热元件磨损、冲刷、腐蚀、变形等情况。

7）检修暖风器进汽门、疏水门。

8）燃油管道焊缝检验、弯头测厚。

9）检查蓄能器。

（2）燃油点火系统检修特殊项目宜包括：

1）更换煤粉燃烧器。

2）更换油枪燃烧筒。

3）更换微油点火储油罐。

4）更换 2/3 上燃油管道。

（3）等离子点火系统检修标准项目宜包括：

1）检修阳极和阴极头。

2）检查、调整驱动装置连接机构、行程。

3）检修载体风（压缩空气）滤网，清理管路。

4）检修载体风系统阀门。

5）清洗冷却水系统，更换老化胶管。

6）检查清扫电源控制系统。

（4）等离子点火系统检修特殊项目宜包括：

1）更换等离子发生器护套筒。

2）更换等离子点火发生器。

3）更换煤粉燃烧器。

6.除灰渣系统

（1）水力除灰渣系统检修标准项目宜包括：

1）捞渣机检修宜包括：

a.检修刮板、链条磨损情况。

b.检修驱动、张紧链轮磨损。

c.检修捞渣机驱动、导轮、张紧轴承。

d.检修、更换上下导轮。

e.检修减速机及轴承。

f.检修捞渣机壳体及铸石板。

2）检修碎渣机检修宜包括：

a.检修碎渣机齿辊。

b.检修碎渣机减速机及轴承。

c.水封槽检修。

d.液压关段门检修。

e.冲、排渣沟道检修。

f.泵的检修。

g.灰渣管道检修。

h.灰渣浓缩设备检修。

i.脱水仓检修。

j.水力喷射器检修。

k.澄清池检修。

（2）水力除灰渣系统检修特殊项目宜包括：

1）修补或更换灰渣管道应超过 100m。

2）修补或更换冲、排渣沟道耐磨层应超过 100m^2。

3）更换皮带输送机皮带。

4）更换捞渣机驱动、张紧总成。

5）更换捞渣机铸石板。

6）更换液压关断门门体。

7）更换水封槽密封板。

8）更换碎渣机转子。

（3）干式除灰渣系统检修标准项目宜包括：

1）密封装置检修。

2）炉底排渣装置检修宜包括：

a.格栅板及箱体检查与修补。

b.驱动装置检查。

3）干式排渣机检修宜包括：

a.输送带检修。

b. 清扫链检查。

c. 拖动装置检修。

d. 壳体检查与修补。

e. 尾部张紧与防跑偏装置检查。

f. 风冷系统检修。

g. 碎渣机检修。

4）渣仓检修宜包括：

a. 渣仓壳体检查与修补。

b. 渣仓附属卸灰装置检修。

（4）干式除灰渣系统特殊项目宜包括：

1）更换干式排渣机输送带。

2）更换尾部张紧与防跑偏装置总成。

3）更换碎渣机转子。

7. 干输灰系统

（1）干输灰系统检修标准项目宜包括：

1）空气斜槽检修。

2）输灰机检修。

3）仓泵检修。

4）刮板输送机检修。

5）带式输送机检修。

6）输灰管道检修。

7）各类阀门检修。

（2）灰库卸灰设备检修宜包括：

1）气化风系统设备检修。

2）分选系统设备检修。

3）卸料系统检修。

4）库顶收尘设备检修。

5）压缩空气系统、管道阀门检修。

（3）干输灰系统检修特殊项目宜包括：

1）大面积修补、更换输灰管道。

2）清理灰库内部积灰应超过库容量 10%。

3）灰库库内气化装置检修。

8. 锅炉其他设备及附件

（1）锅炉其他设备及附件检修标准项目宜包括：

1）检查看火门、人孔门、防爆门，消除漏风。

2）检查并更换超温部位保温。

3）局部钢结构防腐。

4）疏通及修理横梁的冷却通风装置。

5）检查钢梁、横梁的下沉、弯曲情况。

6）检修蒸汽吹灰器、管道、阀门及附件。

7）检查、修理排污系统管道、阀门及附件。

8）检查、调整膨胀指示器。

9）检查、调整支吊架。

10）检查楼梯、平台、钢结构。

11）检修炉顶密封装置及积灰清理。

（2）锅炉其他设备及附件检修特殊项目宜包括：

1）校正钢结构。

2）更换保温层应超过总面积的 20％。

3）炉顶罩壳和钢结构全面防腐。

4）支吊架校核、调整应符合《火力发电厂汽水管道与支吊架维修调整导则》（DL/T 616—2006）的规定。

9. 锅炉试验项目

（1）修前试验项目宜包括：

1）锅炉效率试验。

2）空气预热器漏风率试验。

（2）修中试验项目宜包括：

1）锅炉整体水压试验。

2）锅炉风压试验。

3）锅炉冷态空气动力场试验。

4）安全门整定试验。

（3）修后试验项目宜包括：

1）锅炉效率试验。

2）热态一次风调平试验。

3）空气预热器漏风率试验。

（四）环保设施检修

1. 脱硝系统

（1）脱硝反应器检修标准项目宜包括：

1）检查反应器内部均流、整流装置磨损、变形、拉裂情况。

2）检查灰斗及放灰阀，清理积灰。

3）检查内部钢梁及支撑、修复更换磨损部件。

4）检查修复进出口挡板门、膨胀节。

5）检查修复均流、整流装置。

6）检修蒸汽吹灰器、声波吹灰器。

（2）脱硝反应器检修特殊项目宜包括：

1）更换脱硝反应器膨胀节。

2）更换进出口挡板门。

（3）脱硝催化剂检修标准项目宜包括：

1）清理催化剂表面积灰。

2）检查催化剂磨损情况，更换损坏的催化剂模块。

3）检查催化剂密封装置。

（4）脱硝催化剂检修特殊项目宜包括：

1）加装催化剂备用层或更换催化剂。

2）催化剂活性检测及寿命分析。

3）催化剂清洁或再生。

（5）脱硝热解装置检修标准项目宜包括：

1）检查、清理热解炉内部结晶物。

2）检查、清理热解炉喷枪。

3）检查热解炉喷枪伴热系统。

4）检查、修理稀释风机。

5）检查热解系统管道及所有阀门。

6）压缩空气储气罐定期试验和检验工作应符合有关规定。

（6）脱硝热解装置检修特殊项目宜包括：

1）热解炉开孔、补焊及更换。

2）更换热解炉喷枪。

3）更换稀释风机。

（7）脱硝喷氨格栅（ammonia injection grid，AIG）、涡流混合器标准项目宜包括：

1）检查含氨容器、管道、阀门冲蚀、腐蚀、磨损情况。

2）检查喷氨格栅喷嘴。

3）检查检修分路调整门。

4）检查涡流混合器。

（8）脱硝 AIG、涡流混合器特殊项目宜包括：

1）检测调整喷氨流场均度。

2）更换喷嘴应超过 20%。

（9）脱硝计量分配装置（metering distributing module，MDM）检修标准项目宜包括：

1）检修调整门、电动门、手动门、止回门。

2）检查、清理雾化空气流量计。

3）检查管道及伴热系统。

（10）脱硝 MDM 检修特殊项目宜包括：

1）更换调整门、电动门、手动门、止回门。

2）更换雾化空气流量计。

2. 除尘器

（1）电除尘器检修标准项目宜包括：

1）电场内部检查、清理。

2）高、低压电气装置检修。

3）整流变压器检查、检修。

4）高频电源检修。

5）极板、极线检修。

6）振打系统检修。

7）悬挂装置及大小框架检修。

8）壳体、出入口烟箱、人孔门检查、修复。

9）气流均布装置检查、修复。

10）灰斗、卸灰装置检修。

11）灰斗加热装置检修。

（2）电除尘器检修特殊项目宜包括：

1）大面积修补烟道及除尘器本体。

2）重新调整静电除尘器极间距。

3）更换阴极线应超过 20%。

4）更换阳极板。

（3）电除尘器检修后试验项目宜包括：

1）冷态试验：

a. 气流分布均匀性试验。

b. 集尘极和放电极振打性能试验。

c. 极间距的测定；空载通电升压试验。

d. 振打加速度性能试验。

e. 电除尘器严密性试验。

2）热态试验：

a. 热态升压试验。

b. 本体压力降试验。

c. 本体漏风率测试。

d. 除尘效率试验。

（4）袋式除尘器检修标准项目宜包括：

1）除尘器内部检查、清理。

2）花板、滤袋、滤袋框架检查、检修。

3）喷吹清灰系统检修。

4）壳体、出入口烟箱、人孔门检查、修复。

5）烟道提升阀、预喷涂装置检查。

6）降温系统检修。

7）压缩空气系统、灰斗气化风系统检修。

8）灰斗、卸灰装置检修。

9）灰斗加热装置检修。

（5）袋式除尘器检修特殊项目宜包括：

1）大面积修补烟道及除尘器本体。

2）更换滤袋应超过 30%。

3）更换滤袋框架应超过 30%。

（6）袋式除尘器检修后试验项目宜包括：

1）过滤风速测试。

2）设备阻力试验。

3）本体漏风率试验。

4）除尘效率试验。

（7）湿式电除尘器检修标准项目宜包括：

1）壳体、出入口烟箱、人孔门检查、修复。

2）气流均布装置检查、修复。

3）收集极、放电极检修。

4）整流变压器检查、检修。

5）高频电源检修。

6）电控系统清扫、检查。

7）固定装置及框架检查、修复。

8）高、低压电气装置检修。

9）喷淋装置检修。

10）泵类设备检修。

11）加药系统检修。

12）加热装置检修。

13）排污系统检修。

（8）湿式电除尘器检修特殊项目宜包括：

1）大面积修补烟道及除尘器本体。

2）重新调整除尘器极间距。

3）更换放电极应超过 20%。

4）更换收尘极应超过 10%。

5）更换喷淋装置应超过 30%。

3. 脱硫系统设备

（1）湿法脱硫系统设备检修标准项目宜包括：

1）烟气系统检修宜包括：

a. 烟气换热器磨损、堵塞、腐蚀情况检查，驱动装置及附属设备检修

b. 增压风机、密封风机检修。

c. 烟道、挡板门、人孔门检修及防腐处理。

d. 烟道膨胀节、烟道疏水管路检修。

e. 事故喷淋系统检修。

2）吸收剂制备、储存、输送系统检修宜包括：

a. 卸料斗、卸料斗专用除尘器检修。

b. 振动给料机、金属分离器检修。

c. 破碎机、石灰石皮带输送机检修。

d. 石灰石斗式提升机、石灰石存储仓检修。

e. 石灰石仓顶皮带输送机、石灰石称重给料机检修。

f. 湿式球磨机检修。

g. 石灰石浆液循环箱、石灰石浆液循环泵检修。

h. 石灰石浆液旋流器检修。

i. 石灰石浆液箱、石灰石浆液箱搅拌器检修。

j. 石灰石浆液输送泵检修。

3）二氧化硫吸收系统检修宜包括：

a. 吸收塔塔壁防腐检查、修补。

b. 吸收塔内部支撑、格栅梁、托架检修。

c. 气流均布装置检查、修补。

d. 氧化风机检修。

e. 氧化风管腐蚀、磨损情况检查、检修。

f. 喷淋主管、支路管、喷嘴检查、检修。

g. 除雾器冲洗水管路、喷嘴、阀门检查、检修。

h. 除雾器检查、检修。

i. 脱硫塔搅拌装置检查、检修。

j. 浆液循环泵、循环泵入口滤网检修。

k. 吸收塔各系统管路及阀门检修。

4）石膏脱水处理系统检修宜包括：

a. 石膏浆液缓冲箱、石膏浆液输送泵检修。

b. 脱水机检修。

c. 真空泵检修。

d. 废水旋流器、石膏旋流器检修。

e. 石膏浆液箱、滤液箱、废水箱检修。

f. 石膏排出泵、废水输送泵、滤液泵检修。

g. 石膏冲洗水泵、滤布冲洗水泵检查、检修。

h. 废水旋流站给料箱、废水旋流站给料泵检修。

i. 搅拌器检修。

5）脱硫废水处理系统检修宜包括：

a. 废水处理系统箱体及搅拌器检修。

b. 废水处理系统各类泵检修。

c. 加药装置、化学装置检修。

d. 压滤机检修。

6）压缩空气系统检修宜包括：

a. 空气压缩机检修。

b. 干燥器检修。

c. 压缩空气储罐检查、校验。

7）工艺水系统检修宜包括：

a. 工艺水箱检修。

b. 工业水箱检修。

c. 工艺水泵、除雾器冲洗水泵检修。

8）事故排放系统检修宜包括：

a. 吸收塔排水坑泵及搅拌器检修。

b. 石灰石浆液制备区排水坑泵及搅拌器检修。

c. 石膏脱水区排水坑泵及搅拌器检修。

d. 气-气加热器冲洗水排水坑泵及搅拌器检修。

e. 事故浆液箱、事故浆液箱返回泵与搅拌器检修。

（2）湿法脱硫系统检修特殊项目宜包括：

a. 大面积修补烟道及脱硫塔本体。

b. 修理防腐衬胶面积超过 $100m^2$。

c. 更换喷嘴应超过 20％。

d. 更换喷淋管路应超过 20％。

e. 更换除雾器应超过 20％。

（五）热工设备检修

1. 热工仪表

（1）热工仪表标准项目宜包括：

1）检查测量管路及其阀门。

2）检查热工检测元件（如测温套管）。

3）检查、检定各类仪表。

4）检查、检定分部元件，成套校验仪表系统

（2）热工仪表特殊项目宜包括：

1）更换大量表计或重要测量元件。

2）更换大量表管。

2. 热工执行机构

（1）热工执行机构标准项目宜包括：

1）检修、调试执行机构，进行特性试验。

2）检查、核对控制回路。

3）静态模拟试验、动态调整。

（2）热工执行机构特殊项目宜包括：更换重要的执行装置。

3. 分散控制系统

（1）分散控制系统（distributed control system，DCS）标准项目宜包括：

1）清扫、检查、测试系统硬件及外围设备。

2）检查电源装置，进行电源切换试验。

3）检查、测试接地系统。

4）检查系统软件备份，建立备份档案。

5）检查、测试数据采集和通信网络。

6）检查控制模件、人机接口装置。

7）测试事故追忆装置（sequence of event，SOE）功能。

8）检查屏幕操作键盘及其反馈信号。

9）检查、测试显示、追忆、报警、打印、记录、操作指导等功能。

10）检查、核对输入/输出（I/O）卡件通道和组态软件。

11）检查主时钟及全球定位系统标准时钟装置。

12）控制系统基本性能试验。

13）控制系统基本功能试验。

（2）DCS 特殊项目宜包括：

1）更改软件组态、设定值、控制回路。

2）软、硬件版本升级。

3）更改硬件设备。

4. 模拟量控制系统

（1）模拟量控制系统（modulating control system，MCS）标准项目宜包括：

1）检查、检定一次元件。

2）检查电/气转换器、执行机构和变频器。

3）检查状态指示，进行功能试验。

4）调校伺服放大器。

5）检查氧量测量装置，标定氧化锆探头。

6）检查控制系统组态、参数设置，验证运算关系。

7）进行静态模拟试验、动态试验、定值扰动试验。

（2）MCS 特殊项目宜包括：

1）更改软件组态、设定值、控制回路。

2）更换重要测量、执行装置。

5. 锅炉炉膛安全监控系统

（1）锅炉炉膛安全监控系统（furnace safetyguard supervisory system，FSSS）标准项目宜包括：

1）检查主燃料跳闸（master fuel trip，MFT）继电器及其电源系统。

2）检查、校验压力开关及取样管、温度开关、流量开关、火焰监测系统设备。

3）检查、检验电磁阀、挡板。

4）检查点火系统。

5）检查、核对控制回路，系统程控功能联调。

6）进行锅炉吹扫、点火装置动作试验，油泄漏试验，MFT 功能模拟试验。

7）FSSS 系统模拟试验。

（2）FSSS 特殊项目宜包括：

1）更改软件组态、设定值、控制回路。

2）更换重要测量、执行装置。

6. 汽轮机数字电液控制

（1）汽轮机数字电液控制（digital electro-hydraulic control，DEH）标准项目宜包括：

1）检查电磁阀及其电源系统。

2）检查伺服阀、位移传感器（linear variabledifferential transformer position transducer，LVDT）。

3）检查、校验一次元件等就地设备。

4）检查、测试系统硬件、软件。

5）检查、测试 I/O 信号。

6）检查控制系统组态、参数设置，验证运算关系

7）检查执行机构动作情况。

8）检查、核对控制回路。

9）系统冷态整套调试。

（2）DEH 特殊项目宜包括：

1）更改软件组态、设定值、控制回路。

2）更换重要测量、执行装置。

3）系统热态优化。

7. 给水泵汽轮机数字电液系统

（1）给水泵汽轮机数字电液控制系统（micro-electro-hydraulic control system，MEH）标准项目宜包括：

1）检查电磁阀及其电源系统。

2）检查伺服阀、LVDT。

3）检查、校验一次元件等就地设备。

4）检查、测试系统硬件、软件。

5）检查、测试 I/O 信号。

6）检查控制系统组态、参数设置，验证运算关系。

7）检查执行机构动作情况。

8）检查、核对控制回路。

9）系统冷态整套调试。

（2）给水泵汽轮机数字电液系统（MEH）特殊项目宜包括：

1）更改软件组态、设定值、控制回路。

2）更换重要测量、执行装置。

3）系统热态优化。

8. 数据采集系统

（1）数据采集系统（data acquisition system，DAS）标准项目宜包括：

1）检查、校验输入信号。

2）硬件测试、状态检测。

3）检查量程及单位。

4）校验测点误差。

（2）DAS 特殊项目宜包括：

1）更改软件组态、设定值、控制回路。

2）更换重要测量装置。

9. 顺序控制系统

（1）顺序控制系统（sequence control system，SCS）标准项目宜包括：

1）检查、校验测量元件、继电器。

2）校验、测试卡件，整定参数。

3）校验 I/O 信号、逻辑功能、保护功能。

4）检查、试验执行机构动作情况。

5）检查、核对控制回路。

6）分回路调试及有关保护试验。

7）系统程控功能联调。

（2）SCS 特殊项目宜包括：

1）更改软件组态、设定值、控制回路。

2）更换重要测量、执行装置。

10. 汽轮机保护系统

（1）汽轮机保护系统（emergency trip system，ETS）标准项目宜包括：

1）检查继电器及底座。

2）检定一次元件，进行取样点确认。

3）进行保护试验、定值确认。

4）检查 危机遮断（autmaticshift trip，AST）电磁阀及其电源系统。

5）检查、核对控制回路。

6）逻辑功能试验。

7）ETS 系统模拟试验。

（2）ETS 特殊项目宜包括：

1）更改软件组态、设定值、控制回路。

2）软件版本升级。

3）更换重要测量、执行装置。

11. 旁路自动调节系统

（1）旁路自动调节系统（by-pass control system，BPC）标准项目宜包括：

1）检查、检定一次元件。

2）检查调节阀动作情况，进行特性试验。

3）检查、核对控制回路。

4）静态模拟试验、系统联动试验、功能确认。

（2）BPC 特殊项目宜包括：

1）更改软件组态、设定值、控制回路。

2）更换重要测量、执行装置。

3）热态调整试验。

12. 汽轮机监测仪表系统

（1）汽轮机监测仪表系统（turbine supervisory instruments，TSI）标准项目宜包括：

1）检查输入电源、接地系统。

2）检查、校验传感器。

3）检查定值，校验二次表及各组件。

4）检查、核对控制回路。

5）检查示值，进行整定校验、系统成套调试和功能确认。

（2）TSI 特殊项目宜包括：

1）更改软件组态、定值、控制回路。

2）更换重要测量装置。

13. 可编程程序控制系统

（1）可编程程序控制系统（programming logic controller，PLC）标准项目宜包括：

1）清扫、检查、测试系统硬件。

2）检查、核对输入/输出（I/O）卡件通道和组态软件。

3）检查、测试通信网络。

4）检查系统文件备份，建立备份档案。

5）检查电源及接地。

（2）PLC特殊项目宜包括：

1）更改软件组态、设定值、控制回路。

2）软件版本升级。

3）更改硬件设备。

14. 烟气脱硫控制系统

（1）烟气脱硫控制系统标准项目宜包括：

1）检查、检定变送器与一次元件。

2）烟气自动监控系统（continuous emission monitoring system，CEMS）系统检查、标定。

3）检查执行机构动作情况。

4）进行保护试验、定值确认。

5）检查、核对控制回路。

6）静态模拟试验、系统联动试验、功能确认。

7）逻辑功能试验。

（2）烟气脱硫控制系统特殊项目宜包括：

1）更改软件组态、设定值、控制回路。

2）更换重要测量、执行装置。

15. 炉管泄漏监测系统

（1）炉管泄漏监测系统标准项目宜包括：

1）检查、清扫一次元件及测量管路。

2）检查、清扫测量装置、部件。

3）静态模拟试验、动态调整。

（2）炉管泄漏监测系统特殊项目宜包括：

1）更换大量一次元件。

2）更换测量装置。

16. 视频监控系统

视频监控系统检修项目宜包括：

（1）系统清扫、升级。

（2）控制主机测试。

（3）显示设备清扫、固定。

（4）监控设备调试、位置调整、支撑设备固定。

（5）线缆整理、绑扎。

（6）存储设备容量检测。

17. 热工其他设备

热工其他设备检修项目宜包括：

（1）检查、修理电源及仪表伴热系统。

（2）检查各类电缆敷设情况，检查接线、标志、绝缘、接地。

（3）检查热工电缆孔洞封堵、防火情况。

（4）检查、修理信号及报警系统。

（5）检查、修理分析仪表。

（6）检查、修理基地调节器。

（7）检查、清扫、修补电缆槽盒、桥架。

18. 热工试验项目

（1）热工标准试验项目宜包括：

1）保护联锁试验。

2）炉机电大联锁试验。

3）模拟量控制系统扰动试验。

（2）热工特殊试验项目宜包括：

1）AGC 性能试验。

2）一次调频性能试验。

3）RB 试验。

（六）输煤系统检修

输煤系统检修项目宜包括：卸煤设备（翻车机、螺旋卸车机、卸煤栈台、卸船机等）、煤场设备（斗轮堆取料机、圆形料场堆取料机、臂式堆料机、推煤机、龙门或桥型抓煤机等）、给配煤设备、筛碎设备、输送设备、除尘设备、采制样设备、计量及其校验装置、电气设备及控制系统、其他辅助设备进行定期检查、试验及检修等工作，输煤设备检修可依据设备制造厂家提供的设备说明书、运行维护手册及《火力发电厂运煤设计技术规程》（DL/T 5187—2016）、《带式输送机》（GB/T 10595—2017）《臂式斗轮取料机》（JB/T 4149—2010）、《回转式翻车机》（JB/T 7015—2010）执行。

（1）翻车机性能检测工作，按 GB/T 18818—2021 执行。

（2）臂式斗轮堆取料机性能试验工作，按 JB/T 4149—2010 执行。

（3）机械采制样装置性能试验工作，按 DL/T 747—2010 执行。

（七）燃油设备检修

燃油系统检修项目宜包括：

（1）储油罐、输卸油管道、供卸油泵、污油泵、滤油器、油水分离器、阀门、加热器、消防报警及 灭火装置、电气控制等设备进行定期检查、试验及检修等工作。

（2）油区消防系统定期进行消防水系统、喷淋水冷却装置、泡沫灭火装置喷射试验。

（3）卸油区及燃油罐区定期检查防静电装置、避雷装置、接地装置，测量接地电阻工作按 GB 26164.1—2010 执行。

（4）储油罐定期检查下部、底部罐体腐蚀情况，定期抽查燃油母管弯头厚度。

（八）压缩空气系统检修

1. 空气压缩机

空气压缩机检修项目宜包括：

（1）更换空气过滤器、油过滤器、油气分离器和空气压缩机油。

（2）检查所有油路软管完好情况，必要时更换。

（3）检查、清扫进气室、冷却器。

（4）检查压力维持阀、电磁阀。

（5）设定加卸载压力，检查程序操作情况。

（6）检查接触器触点和所有传感器完好情况，必要时更换。

（7）检查联轴器及胶垫。

（8）检查防噪隔声装置完好状况。

（9）安全阀检验应符合 DL/T 959—2020 的规定。

2. 过滤、干燥等后处理装置

过滤、干燥等后处理装置检修项目宜包括：

（1）添加、更换干燥剂。

（2）检查消声器。

（3）检查制冷装置及附件，添加制冷剂，清扫散热器。

（4）检查自动排污阀。

（5）压缩空气储气罐定期试验和检验工作应符合 TSG 21—2016 的规定。

（九）水处理系统检修

水处理系统检修项目宜包括：

（1）离子交换器检修应对内部配水装置、防腐层及附件进行检查。

（2）除盐水箱检查、检修应按 DL/T 1115—2019 执行。

（3）凝结水精处理装置检查、检修应按 DL/T 1115—2019 执行。

（4）膜法水处理系统如超滤、反渗透、EDI 等，应根据运行状况及时更换膜元件及配件。

（5）在线电导率表、pH 表、钠表、溶解氧表、硅表等仪表检验应按 DL/T 667—1999 执行。

（6）水处理系统机务、电气、控制设备检修应参照本导则相关专业要求。

四、设备定修计划的优化

（一）优化检修的概念

设备优化检修的概念首先是由美国提出来的，它的基本思路是通过以"管"为主的策略，针对设备的特点制订出一套策略方法，最终形成一套优化检修的模式，使设备的可靠性和经济性得到最佳的配合。

优化检修模式不是针对某一台设备，而是指整个企业生产的大系统而言（对于发电企业言，大到诸如汽轮机、锅炉，小到某一个阀门或者一台水泵），实际上是针对某一个企业的所有设备而言。

实行优化检修模式的发电厂，要对其庞大的连续生产系统中的所有设备进行分类。不同类别的设备，根据经济性采用不同的检修方式；其中有的设备应用定期检修，有的设备采用状态检修，而有的设备则采用故障检修，不同维修方式的组合即组成了优化检修。

优化检修模式具有明显的个性化特点。基于每一个电厂，其设备的型号、制造厂不一样，辅机配套和系统设计也不一样，导致了要根据其各自特点，采用不同的优化模式，优化检修目标的实现要运用一种管理方法，以确定哪些设备采用定期检修，而状态检修又应用在哪些设备上，即确定设备的定修策略。

（二）设备定修计划策略

设备定修计划策略是对庞大的生产系统中的所有设备进行分类，确定这些设备应该采用何种检修方式，使发电企业的设备检修逐步形成一套融定期检修、状态检修、改进性检修和故障检修为一体的优化检修模式。

不同类别的设备在满足生产要求的前提下，以经济性为基础分别采用不同的检修策略，不同检修策略的组合即构成了优化检修的模型。对 A 类、B 类、C 类设备定修策略如下：

1. A 类设备定修策略

A 类设备采取以预防性检修为主的检修方式，并结合日常点检管理、劣化倾向管理和状态检测的结果制订设备的检修周期，并严格执行，A 类设备一般均在年修计划中安排检修。

表 4-5 是年修模型为"…A-C-C-B-C-C-A…"机组的年修项目安排。

表 4-5　　　　　　　　　　　　　机组年修项目安排表

序号	项目名称	设备编码	安排检修的年度（根据年修模型）					
			第1年A级	第2年C级	第3年C级	第4年B级	第5年C级	第6年C级
1	××××		√	√	√	√	√	√
2	××××			√		√		√
3	××××		√			√		
4	××××		√			√		
5	××××		√	√	√	√	√	√
6	××××		√				√	
7	××××		√					

从表 4-5 可以看出：

（1）序号为 1 和 5 的检修项目，在年修模型中，每年都要参加年修。

（2）序号为 2 的检修项目，表示每两年安排一次检修。

（3）序号为 3 和 4 的检修项目，表示在 A、B 级检修的年份参加检修。

（4）序号为 6 的检修项目，表示每四年安排一次检修。

（5）序号为 7 的检修项目，表示该项目只在大修年份才安排检修。

2. B 类设备定修策略

B 类设备采用预防性检修和状态检修相结合的检修方式，检修周期应根据日常点检管理、劣化倾向管理和状态监测结果及时调整。B 类设备一般既可以安排在年度检修计划中完成，也可安排在平时采用轮换检修的方法进行修理。但考虑到使检修负荷均衡化，B 类设备建议尽可能不参加年修。

3. C 类设备定修策略

C 类设备采用以事后（故障）检修为主要检修方式。

（三）优化检修模式的组成

表 4-6 是不同类别设备的检修方式及计划安排，不同类别设备采用不同的检修方式的组合，构成了优化检修模式。

表 4-6　　　　　　　　　　　　**不同类别设备的检修方式及计划安排**

设备类别	检修方式	计划安排	备　注
A 类设备	定期检修	年度检修	检修周期可以视状态诊断、劣化倾向管理的结果予以调整
B 类设备	状态检修	年度或日常检修	当经过几次状态检修后，确认其检修周期的规律后，可以改为周期性检修
C 类设备	故障检修	日常检修	—
设备动态管理结果需要改进的设备	改进性检修	A 类年度的特殊项目，B 类可以安排在平时	—

优化检修是一个渐进的过程，今天看来是比较优化的方案，但随着时间的推移，状态诊断工作和劣化倾向管理工作不断深入，原方案可能修改。随着设备动态管理的深化，设备不断改进，原有检修周期也可能延长。所以优化检修是一个动态的组合过程，要树立与时俱进的理念，不能满足于既有的水平。

任务 4　设备定修管理

【教学目标】

1. 能陈述设备定修管理的内容。
2. 能理解定修质量管理。
3. 能计算定修管理的考核指标。
4. 能清楚定修管理注意事项。

【任务工单】

学习任务	设备定修认知					
姓名		学号		班级		成绩	

通过学习，能独立回答下列问题。

1. 设备定修管理的内容有哪些？
2. 什么是定修质量管理？
3. 定修管理的考核指标有哪些？
4. 什么是定修计划时间命中率？
5. 什么是定修时间延时率？
6. 什么是定（年）修计划项目完成率？
7. 定修管理注意事项有哪些？
8. 什么是设备的动态管理？
9. A 类设备实行动态管理的策略是什么？

【任务实现】

一、设备定修管理的内容

为掌握定修工作实施的实际情况，为定修工作的完善和改进积累基础资料，同时对定修的实施进行考核，需要对定修的组织实施和定修过程进行必要的管理，定修业务管理是积累数据、提高管理效率、改进定修管理方式、进行定修考核等工作的依据。在企业中可采取定修旬报和定修月报的方式来进行管理，其具体内容及实施方法和要求如下。

1. 定修旬报

各单位在定修完成后第二天必须将定（年）修情况、时间、延长原因、项目及变更原因等报设备部，分析汇总后作为旬报资料并向厂领导报告，旬报格式见表4-7。

表 4-7　　　　　　　　　　　　定（年）修旬报

主任			主管		制表人			
序号	单位	施工日期	工时（h）		项目（个）		主要项目	项目进展情况
			计划	实际	计划	实际		

2. 定修月报

各部门于月后 3d 内将上月定（年）修情况，包括定（年）修实际时间、延时原因、项目及变更情况等报设备部，分析汇总后作成汇总表报企业领导。

二、定修质量管理

定修质量管理是对点检定修工程中的设备维修工作进行质量控制，确保设备通过维修手段能保障设备的技术状态，从而满足生产的需要。定修质量的管理一般结合企业的组织机构安排和职责分工，以实际计划的完成情况来进行考核。下面以某电厂的做法为例说明。

该厂日常检修由检修承包商和 3 个班组进行，大、小修实行项目招标和监理制，一事一议。检修承包商负责按照检修作业指导书完成检修项目，监理单位按照合同代表甲方监督检修过程中的安全、质量、工期，同时对甲方的检修文件、检修管理、人员组织等进行监督并进行考核。

设备检修文件包由点检员根据检修计划书编写。检修文件包括工作任务单、检修作业指导书、质量监督计划、完工报告单。工作负责人根据批准的检修文件包组织检修。

检修工作过程中，工作负责人完成有关工序后，填写好技术数据并通过自检合格后，按照检修文件包要求向质检员申请对现场质检点进行检验。

检修过程中，工作负责人对有关技术数据做好记录，对于检修文件包中要求的一般质检员（C 点），由工作负责人自检，签证过程按其内部质量保证体系执行。

停工待检点（H 点）、质量见证点（W 点）均在工作负责人自检合格和检修承包商质检员验收合格的基础上进行。停工待检点（H 点）、质量见证点（W 点）由质检员检验并签证；合格后进入下一道工序，不合格的返工。聘请监理工程师时，质量见证点（W 点）由监理工程师检验并签证，停工待检点（H 点）依次由监理工程师和质检员检验并签证。

全部工序检验合格后，完成检修工作。工作负责人凭完整的作业指导书，交回工作票，向大、小修运行调试及质量验收组申请进行冷态验收，冷态验收合格，设备启动进行热态试运行，热态试运行合格后，即可关闭质量管理文件。

各方鉴证后，由工作负责人将完成的检修文件包，还包括不符合项报告、冷（热）态验收见证单、试运单、增项审批单、销项审批单等，交质检员。质检员签署资料验收单。

质检员进行资料整理后交专业主管。设备部各专业主管负责组织关闭质量管理文件。

通过以上过程管理，即可保障检修完成的设备符合设备管理及运行部门所提出的对设备生产能力的要求。

三、定修管理的考核指标

为了定量核定定修任务的完成情况及其质量，在对定修任务进行考核时需要确定明确的考核标准和要求。以下定修考核指标是企业在定修管理考核中常用到的指标及要求的限值范围。

1. 定修计划时间命中率

定修计划时间命中率是考核定修计划中维修的"计划时间"精确度的，其目标要求为95%以上。其计算公式为

$$定修计划时间命中率 = \frac{计划时间 - |实际时间 - 计划时间|}{计划时间} \times 100\%$$

2. 定修时间延时率

定修时间延时率用于考核定修施工管理的综合时间效率，同时也反映出定修计划中关于定修项目、定修力量组织等的准确性程度，其目标为0%。其计算公式为

$$定修时间延时率 = \frac{实际施工时间 - 计划定修时间}{计划定修时间} \times 100\%$$

3. 定（年）修计划项目完成率

定（年）修计划项目完成率用于考核检修项目计划命中程度，其目标要求为98%以上。其计算公式为

$$定（年）修计划项目完成率 = \frac{实际完成计划项目数}{计划项目数} \times 100\%$$

四、定修管理注意事项

点检员是设备管理的责任主体，因而理所当然地要对定修的全过程参与跟踪管理。

（一）经济评估贯穿于整个设备管理体系

点检定修强调可靠性和经济性的最佳配合，在划定设备 A、B、C 分类时就提出了设备分类要应用经济评估的方法。在实际工作中，经济评估贯穿于整个设备管理体系，反映在定修策划中。

下面举几个定修策划中的例子。

【例1】 某设备的检修周期是 8 个月，零件 A 是易损件，在整台设备中，该零件寿命要大于检修周期，不会对整台设备构成任何影响，经过上次动态管理结果获得的数据是：如果用普通钢其寿命为 10 个月，而用合金钢则寿命为 20 个月，其价格后者是前者的 2.5 倍，那么我们从经济评估的观点，应该采用什么零件呢？

经济评估的意见是：

（1）可靠性评估两者都不会影响已经决定了的检修周期。

（2）从每次检修的零配件消耗费用分析，后者要大于前者。

（3）该零配件拆装很容易，装配费用可忽略不计。

（4）从资金占用的财务费用分析，后者比前者要多消耗资金占用的费用。

因此，从经济性和可靠性最佳配合的观点，应该采用普通钢材料的零配件。

【例2】 某台设备属于 B 类，经过一段时期的动态管理形成了两个比较方案。方案一：对该设备加强维护，可以连续运行半年，每隔半年检修一次。方案二：经过研究表明，制造厂提供的设备在零部件设计上未采用等寿命的指导思想，如果对部分核心部件进行改造，可将寿命至少延长至原有的 3 倍，并且维护工作量减少。表4-8 的检修费用对比表是经济评估的简明对比。

表 4-8　　　　　　　　　　　　　　　　检修费用对比表

方案	检修周期	每次检修更换零件费用（元/年）	年检修费用（元）	维护费（元/年）	财务费（元/年）	合计（折算到年度费用，元/年）
一	半年	1000×2＝2000	1000×2＝2000	600	200	4800
二	一年半	4000/1.5＝2667	1000/1.5＝667	300	600	4234

表 4-8 中方案一每次检修时更换零件费用为 1000 元，方案二每次需 4000 元。

表 4-8 说明该设备采用好的零部件，虽然其每次使用的材料费是平时的 4 倍，但由于减少检修次数和减少维护工作量，其总的年度检修费用可以下降。

【例3】 上面的经济评估例子，均是 B 类设备，对 A 类设备的经济评估，则把可靠性放在首位。只有在同等可靠性的基础上，再进行经济比较。

假如在连续不间断生产系统中，有某一设备部件 A，其年修周期是一年在实际工作中有下列几种情况：

（1）第一种情况该部件 A 的使用寿命少于一年，则毫无疑问，我们要首先使它的寿命大于年修周期一年。否则可能会产生非计划停运来进行消缺。停机是最大的不经济，因此，只有在其寿命周期不会产生非停的情况下才进行比较。

（2）第二种情况，该部件 A 的使用寿命大于一年，如果对部件 A 的检修有几种可供选择的方案，此时就需进行经济评估，方法也是列出经济评估表，见表4-9。

表 4-9　　　　　　　　　　　　　　　　A 类设备经济评估表

采用方案	寿命周期系数 m	检修费用 n（含人工费，元/年）	由于后期磨损引起的经济下降 F（元/年）	总费用 H（元/年）
方案一（列出主要内容）				
方案二（列出主要内容）				
方案三（列出主要内容）				

表 4-9 说明：

1）寿命周期系数在评估时，以一个年修周期为基准，即大于 1 少于 2 的寿命，在评估时均算作 1，大于 2 小于 3 的算作 2，依次类推。

2）评估公式：$H = \dfrac{n}{m} + F$。

3）在部件 A 的使用过程中，不断产生的磨损和老化，可能会对经济性产生影响，这件工作要计算比较复杂，首先要通过精密点检测出实际磨损规律，邀请有关专家或与制造厂合作获得 F 的数值。

4）以最低 H 值作为采纳的方法。

【例 4】 技改的投入产出：技改项目一般是基于设备可靠性和经济性的提高，对于设备管理人员来说，要在该项目（一般列在年修的特殊项目中，除大项目外）成立前，进行投入和产出的经济分析，表 4-10 提供一种简便的分析表格供参考。

表 4-10　　　　　　　　　　　　　　特殊项目的投入产出分析

项目	设备总投入 F_1（元）	设备折旧 F_2（元/年）	财务费用 F_3（元/年）	由于可靠性提高的收益 G_1（元/年）	由于经济性提高的收益 G_2（元/年）	设备维护费用（差额）F_4（元/年）	备注
投入	√	√	√			√	
产出				√	√	√	

其中：

（1）F_1 表示设备总投入，它包括设备到厂的总金额（含运费和安装调试费用）。

（2）$F_2 = \dfrac{F_1}{\text{设备折旧年数}}$，设备折旧年数一般可取 10，也可和财务部门取得联系后决定。

（3）F_3 是指投入资金占用的贷款利息，可和财务部门协商选定。

（4）G_1 是指减少非计划停运所获得的回报。

（5）G_2 的计算比较复杂，它要依赖于精密点检、热力试验、电气试验等工作，必要时还需会同制造厂共同确认。

（6）F_4 是指设备在进行技改前后的设备维护，检修费用的比较，所得出的差额。

即差额＝（技改前的维护、检修费－技改后的维护检修费），当差额为"正值"时，该 F_4 列在产出项，反之，则列在投入项。

（7）当 $G_1 + G_2 + F_4 > F_2 + F_3$ 时，本项目是有效益的，可以成立。

（二）做好定修项目的动态管理

1. 定义

设备的动态管理是指贯彻设备管理全过程管理的理念，对设备进行全程、反复［投产→运行→定修→（维护＋检修）→运行］的跟踪管理。在管理过程中，不断验证和修改该设备的技术标准（运行技术管理值和检修技术管理值），最终达到设备受控的目的。

2. A 类设备的动态管理

对 A 类设备实行动态管理的策略是：

（1）抓住可靠性不放。A 类设备的损坏，将会导致停机和安全、环保事故，动态管理的首要任务是确保其年修周期内不会构成非计划停运。

（2）不断提高经济性。对部分与经济性有密切关系的设备部件，则要通过动态管理，掌握这些部件的磨损与经济性的关系。有时候适度地"过维修"，其经济性评估反而比较好。有时候采用适度过修原则，有利于设备的经济性能。尤其是从能源消耗减少和温室气体排放减少的角度出发，要对这种性质的设备部件，在全面的经济性能评估基础上，采用新材料、新工艺，使其减少磨损，确保有关经济性能不降低。

C类设备多数电厂以事后故障检修为主要形式，对这类设备的动态管理，以经济管理为主要内容，其主要工作是：及时掌握供货商的信息，用价格性能比最佳的设备来替代陈旧、落后的产品，使设备使用的综合成本最低。

3. 定修的技术记录及其管理是设备动态管理的基础工作

（1）设备的安装和修后记录，要求完整全面，不能简单化几句话了事，必要时应配有附图。

这些记录，反映了设备投入运行前，属于一个动态管理开始前的原始记录，是我们观察（或检测）设备磨损速度的依据。

（2）设备的解体（或称为修前）记录，其要求应当与上述修后记录相对应。

这些记录，反映了设备经过一个周期的运行后，对应于原始记录的磨损、老化，是我们修改和完善技术标准，对设备进行动态管理的依据。

（3）设备的异动和改进记录。这是我们动态管理的基本内容，设备在定修中解体，经过分析比较有关的上述记录后，可能会做出一些改进，以期使设备在下一个检修周期的运行中有所改善和提高。

（4）检修技术标准和有关管理的改进记录，这些记录包括管理方面的改进和技术标准的改进（包括检修作业文件包），也就是动态管理的结果。

4. 动态管理的参考

同行业有关管理信息、同类设备有关案例，是我们进行动态管理有用的参考。别人已付了学费的有关事例，可以避免我们重蹈覆辙。因此我们在管理上，宜与外界进行沟通和交流。

（三）设备的日常维护工作是定修管理重要组成部分

好的日常维护是设备长期无故障运行的有力保证，我们要对设备进行主动的、科学的维护，而这项工作又与日常设备管理有着密切关系，要克服实际工作中以包代管的做法，着力做好日常维护的管理工作。

任务5　检修工程管理

【教学目标】

1. 能陈述检修工程管理的内容及业务流程。
2. 会检修工程计划编制。
3. 会工程委托及施工计划的制订。
4. 能讲解检修工程协调管理。

【任务工单】

学习任务	检修工程管理					
姓名		学号		班级		成绩

通过学习，能独立回答下列问题。

1. 什么是检修工程管理？其内容主要包括哪些？
2. 检修工程如何分类？
3. 什么是检修工程计划？其业务内容主要有哪些？
4. 什么是计划值？计划值与技术经济指标的区别主要是什么？
5. 如何编制检修工程计划？
6. 如何制订工程委托及施工计划？
7. 检修工程协调管理的内容主要有哪些？
8. 检修准备管理的工作内容主要包括哪几个方面？
9. 检修施工组织和管理的内容主要有哪些？
10. 检修评价和总结的工作内容主要有哪些？

【任务实现】

一、检修工程管理的内容及业务流程

1. 检修工程管理的内容

在设备管理中，维修工程的立项、计划（包括事前准备），直到计划的实施和总结的全过程业务活动，以及由于突发事故所引起的计划外工程的管理，就是检修工程管理，其内容包括检修工程计划、工程实施及实施结果等主要业务环节。

2. 检修工程管理的业务流程

检修工程按其性质不同分为定期检修工程、不定期检修工程和部门委托工程三类。按其实施的分工和方式不同，又可分为定修、日修和部门委托工程三种。检修工程管理的业务流程如图 4-10 所示。

二、检修工程计划

1. 检修工程计划的内容

检修工程计划是指，在设备定修计划的基础上，由设备管理部门和维护部门共同新编制的、对即将进行的检修的事前实施计划（包括日常检修工程计划、定修、年修工程计划等）。其业务内容包括立项、计划的编制、调整、委托和接受等内容，是设备定修计划和设备检修施工计划的连接，该计划的制订有利于提高设备定修计划及设备检修施工计划的准确性。

2. 计划值与检修计划的关系

计划值是一种管理方式，是指导企业编制计划和进行管理的一套科学的计划值体系，检修计划值是企业计划体系中的一个组成部分。因此，检修计划必须以计划值为指导进行编制，符合检修计划值的要求。

计划值与技术经济指标的主要区别在于：

（1）计划值追求 100% 准确，99% 和 101% 同样不好。

（2）计划值的设定项目都能与企业成本项目挂钩，能核出价值。

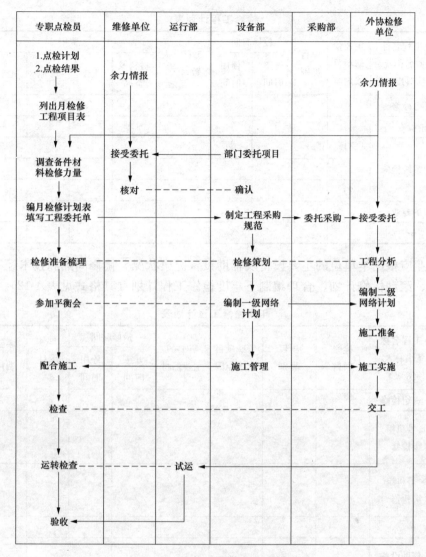

图 4-10 检修工程管理业务流程

（3）计划值是一个挑战性指标，它的编制是依据前期实践、前期失误因素所造成的损失及采取措施可能达到的指标，不留有余地；即使完不成也能暴露出薄弱点，从而便于改进提高。

（4）计划值是从下到上结合形成的，是可调整的。

总之，计划值是一种特定的定量体系，用以指导计划的编制及控制计划的完成。

3. 检修工程计划的编制方法

点检组在定（年）修计划所确定的时间范围内，根据长期点检计划表内周期项目、劣化倾向管理表所记载的劣化情况、点检结果、运行和安全部门的改善委托和上次修理中的遗留项目处理等内容，列出月度检验项目表。然后由专业主管确认立项，交设备管理部门进行平衡调整。在调查备件、材料和检修力量的基础上，由点检组编制检修工程计划表（其格式见表 4-11）。

表 4-11　　　　　　　　　　　　　检修工程计划表

工程编号	单位工程名称（设备名称及检修等级）	主要检修项目或内容	项目类别	检修时间		工日（人数×天）	费用				备注
				开工时间	停用时间		材料及备品	人工	其他	合计	
1	机组检修										
1.1	汽轮机专业										
1.1.1	××系统检修	××检修 1) 2)									
1.2	锅炉专业										
…	…										

发电企业应根据本单位的主要设备及辅助设备健康状况、检修间隔和技术经济指标，结合年修模型、滚动检修计划，合理编制下年度检修工程计划（其格式见表 4-12）。

表 4-12　　　　　　　　　　　　　年度检修工程计划表

工程编号	单位工程名称（设备名称及检修等级）	检修项目	项目类别	特殊项目列入原因	需要的主要器材	检修时间		工日	预计费用	备注
						开工时间	停用时间			
	一、机组检修									
	1.×号机组×级检修									
	2.×号机组×级检修									
	…									
	二、辅助设备检修									
	…									
	三、生产建（构）筑物检修									
	…									
	四、非生产设施检修									

注　主要设备标准不填写详细检修内容，只填工日、费用；主要设备的特殊项目和辅助设备重大特殊项目应逐项填写项目、原因、工日、费用和主要技术措施等

编制检修工程计划的时间有以下要求：

（1）若是年修工程计划，发电企业应结合本单位主要设备及辅助设备健康状况，经过充分研究和论证，提出下年度检修工期计划，经上级主管部门审核确认后，按照规定时间向电

网调度部门进行申报，电网调度部门一般每年 12 月前，批复下一年度全网设备检修计划。

（2）若是定、日修工程计划，则要求提前一个月报出月度检修计划。

检修计划中应明确项目名称、具体内容、检修级别、时间、需要工时和主要技术措施等。

三、工程委托及施工计划的制订

点检组在编制检修工程计划表的基础上，把检修工程计划表内的工程项目逐项编成工程委托单（见表 4-13），然后由点检组把工程委托单和工程计划表同时向专业主管提出。经设备管理部对内容和配合性等方面进行确认最后调整、制订出正式的委托立项方案，并编制工程委托施工计划表（见表 4-14）。

表 4-13　　　　　　　　　　　　　　工程委托单

工程委托单	委托日期		委托部门		专业			点检员								
系统名称		工程性质分类代号														
		施工类别				施工项目分类										
		Ⅰ	Ⅱ	Ⅲ	Ⅳ	a	b	c	d	e	f	g	h	i	j	k	l	m
工程编号		日期	定修	年修	紧急补修	定期更换油脂	定期解体点检	定期调整试验	定期修理	事故抢修	恢复修理	改善修理	大修理	离线修理	测绘解体	生产委托工程	技术措施工程	其他
工程名称																		
委托单位人工估计	钳（电）工		土建		焊工		施工预定月日			现场说明		__月__日__时					
	人时日	人时日	人时日		人时日											
工程内容主要使用零部件							委托方要求摘要									
备件全否																
接受日期		接受者		施工者		施工单位人工估计及实际		钳（电）工		土建			焊接工			
接受编号								人时日		人时日			人时日		人时日	
使用材料						施工中发现设备情况										
施工单位摘要						修理、记录			检查记录							
						要，否			要，否							
施工人工实际（人时）				实际记录员		一式四份，点检，管理、采购、施工各 1 份										

表 4-14　　　　　　　　　　　　　　　**工程委托施工计划表**

＿＿＿＿＿＿工程施工计划表					部门		设备部主任	主管	点检员	编制日期	年　月　日
					专业						
					施工日期					修改日期	年　月　日
施工单位					编制部门					修改日期	年　月　日
工程编号					接受编号	工程类型	项目分类代号	项目分类代号	工程进度（预定/实际）		施工组名	施工人工实际（人时）	备注
系统	设备	专业	月份	序号									

　　为了给检修工程的组织实施预留必要的准备时间，同时保障检修工程的顺利完成，检修工程项目的工程委托需要在检修实施之前一定时间完成，具体要求如下：

　　（1）年修工程计划，工程委托的时间为年修开始日前 40～50d。

　　（2）定修工程计划，工程委托的时间为定修开始日前 20～30d。

　　（3）日修工程计划，工程委托的时间为日修开始日前 30d。

四、检修工程协调管理

　　检修工程的实施牵涉到参与设备管理、运行、采购、维修的各个部门，为了保障检修工程的顺利完成，有必要进行检修工程实施的协调管理，以组织协调各方的工作。工程协调管理由点检组承担，其工程协调业务工作内容包括检修准备、检修组织、检修评价和总结等内容。

　　（一）检修准备管理

　　检修准备管理的工作内容包括以下几个方面。

　　1. 检修材料、备品配件和检修费用管理

　　（1）制订检修材料、备品配件管理制度，内容应包括计划编制、订货采购、运输、验收和保管、不符合项处理、记录与信息等要求。

　　（2）编制检修物资需用计划，检修物资需用计划应包含技术要求和质量保证要求。

　　（3）重大特殊项目确定后应及早进行备品配件和特殊材料的招标、订货以及内外技术合作攻关等工作。

　　（4）检修实行预算管理，控制成本。

　　2. 开工前准备

　　（1）应根据设备运行状况、技术监督数据和历次检修情况，对机组进行状态评估，并根据评估结果和年度检修工程计划要求，对检修项目进行确认和必要的调整，制订符合实际的对策和技术措施。

（2）材料和备品配件已准备完成。

（3）检查施工机具、安全用具，并应试验合格。测试仪器、仪表应有有效的合格证和检验证书。

（4）编制机组检修实施计划，绘制检修进度网络图和控制表。

（5）绘制检修现场定置管理图。

（6）应根据检修项目和工序管理的重要程度，制订安全管理、质量管理、质量验收和质量考核等管理制度，明确检修、运行、设备管理等部门职责。

（7）编写检修文件包，明确质量要求和作业流程，设置 H 点和 W 点。

（8）制订特殊项目的工艺方法、质量标准、技术措施、组织措施和安全措施。

（9）检修人员应熟知安全规程、质量管理手册和检修文件包等文件规定的内容，并对准备工作的完成情况进行全面复查确认。

（10）检修开始前，成立检修指挥部，并配备适当人员，明确职责，界定分工，下设项目协调组、安全文明施工监督组、质量监督验收组、物资协调组、后勤保障组，以及汽轮机、锅炉、电气、热控、燃料、化学、环保、调试运行等专业组。

（二）检修施工组织和管理

1. 检修进度管理

（1）制订施工进度目标和总计划。进度计划的编制，涉及费用、设备材料供应、场地布置、主要施工机具、劳动力组合、各施工单位的配合、检修工期的时间要求等，只有对这些因素要全面考虑、科学组织、合理安排、统筹兼顾，才能有一个很好的进度规划。在施工进度的控制中利用网络计划技术原理编制进度计划，一般采用单代号网络图或双代号网络图。

（2）对进度进行控制。在施工过程中对计划进度与实际进度进行比较，如实际进度与计划进度发生偏离，无论是进度加快或滞后，都会对施工的组织实施产生影响，给施工带来问题，因此要及采取有效措施加以调整，对偏离控制目标的要找出原因，坚决纠正，可以每周召开一次协调会，对施工进行调度和掌控。

（3）对进度进行协调。进度协调的任务是对施工项目中各专业需要配合的维修工作、交叉作业等工作进行协调，如：脚手架搭设与拆除、保温拆除与恢复；开展金属监督、化学监督项目等，这些项目在时间、空间上有交叉，是既相互联系、又相互制约的因素，需要进行协调，对整个项目的实际进度有着直接的影响，如果协调配合不当，将会造成整个项目施工秩序混乱，不能按期完成。

2. 检修质量管理

根据设备维修技术标准或检修工艺规程，编制检修作业文件包和质量验收管理标准，明确检修程序、验收标准，对直接影响检修质量的 H 点、W 点进行检查和签证，实行质检点检查和三级验收相结合的方式，必要时可引入监理制。检修过程中发现的不符合项，应填写不符合项通知单，并按相应程序进行处理。

3. 检修安全管理

（1）机组检修前，根据检修计划项目编制安全风险分析与控制措施，并纳入检修文件包进行管理与执行。

（2）施工人员应具备必要的安全意识和技能，具备从事施工的安全资格和条件，修前应进行熟悉施工现场和工作任务的安全培训、学习，经考试合格后方可进入施工现场工作，现场作业的起重工、电焊工、架子工等特种（设备）作业人员和计量仪表检定人员应持有相应的资质证书。外委施工承包商应进行安全资质和条件审查，对外委检修工程实行开工报告（许可）制度，对各项程序（措施）要求逐项落实后，方可批准开工。

（3）现场作业落实"两票三制"规定，运行操作、检修作业、动火作业必须严格执行操作票、工作票和动火工作票制度。设备停运后，采取隔离措施，把运行设备和检修设备隔开；办理工作票后，由检修工作负责人组织设置检修作业区，悬挂作业信息牌，实行定置管理。

（4）使用的机具、仪表应校验合格。检修现场备品备件、材料和工器具应实行定置管理，物品摆放不应阻塞通道，并做到工完料尽场地清。

（5）作业人员个人防护用品配置应符合《个体防护装备配备规范　第1部分：总则》（GB 39800.1—2020）的规定；管道焊缝内部检查时个人防护应符合《放射工作人员健康要求及监护规范》（GBZ 98—2020）的规定。检修现场安全设施、警示标识设置应符合《火力发电企业生产安全设施配置》（DL/T 1123—2009）的规定。

（6）检修施工过程中产生的危险、有害物质防护应符合 GB/T 12801—2008 的规定。检修作业应有防治扬尘、噪声、固体废物和废水等污染环境的有效措施；检修产生的废矿物油处置应符合《废润滑油回收与再生利用技术导则》（GB/T 17145—1997）的规定。

（7）对施工项目进行整体和专门的安全技术交底，指派专人进行监督；对复杂的自然条件、复杂的结构、技术难度大及危险性较大的分部分项工作，应制订专项施工方案并附安全验算结果，必要时召开专家会议论证确认。

（8）对施工安全进行全过程监护，对两个及以上检修单位在同一作业区域内作业（交叉作业）的，应签订专门安全生产管理协议，组织制订防范措施并监督落实情况。

（9）现场人员应遵章守纪，杜绝违章指挥、违章作业、违反劳动纪律，特种（设备）作业。高处、交叉、起吊、有限空间、动火、拆除爆破、易燃易爆等危险性作业，实行安全风险分级管控。

（10）安全文明施工做到"六个三"。

1）三整齐：工具、零件、材料摆放整齐。

2）三不乱：电源不乱拉、管道不乱放、杂物不乱丢。

3）三不落地：油泥杂物不落地、工具、量具不落地，设备零件不落地。

4）三净：开工时、作业中、收工后现场保持干净。

5）三严：严格执行安全规程、严格执行维修工艺要求、严格执行维修进度计划。

6）三清楚：检修项目清楚、工艺质量要求清楚、安全措施清楚。

4. 试运行

（1）设备试验、试转。在检修项目完成且质量合格、技术记录和有关资料齐全、有关设备异动报告和书面检修交底报告已交运行部门并向运行人员进行交底、检修现场清理完毕、安全设施恢复后，由运行人员主持进行设备试验、试转。

（2）冷态验收。冷态验收应在分部试运行全部结束、试运情况良好后进行。

（3）整体试运行。冷态验收合格、保护校验合格可全部投运、防火检查已完成、设备铭牌和标识正确齐全、设备异动报告和运行注意事项已全部交给运行部门、试运大纲审批完毕、运行人员做好运行准备，进行机组整体试运行，整体试运行包括各项冷、热态试验以及带负荷试验。在试运行期间，应检查设备的技术状况和运行情况，检修后带负荷试验连续运行时间不超过 24h，其中满负荷试验应有 6~8h。

（三）检修评价和总结

完工确认管理包括以下工作内容：

（1）检修工程施工完毕后，点检、检修、运行三方现场全面检查，经过整体试运行，确认正常后，向电网调度报复役。

（2）检修竣工后，设备管理部组织进行热态验收。机组复役后，应及时对检修中的安全、质量、项目、工时、材料和备品配件、技术监督、费用，以及机组试运行情况等进行总结并做出技术经济评价。

（3）机组复役后 20d 内做效率试验，做出效率评价。

（4）机组复役后 30d 内完成检修总结报告。

（5）及时修编规程、系统图、检修文件包等技术文件。

（6）设备检修技术记录、试验报告、质检报告、设备异动报告、检修文件包、质量监督验收单、检修管理程序或检修文件等技术资料整理和归档，录入设备台账，使设备维修档案完整化。

（7）燃煤发电机组 A 级和 B 级检修参考技术文件。

1）检修准备及过程文件包括但不限于：

a. 检修计划任务书、年度检修计划。

b. 检修工程计划（确定标准项目和特殊项目）。

c. 机组检修全过程管理工作计划（或机组检修管理手册）。

d. 检修组织机构、岗位职责与工作程序。

e. 检修项目进度和网络图（计划与实际比较）。

f. 机组检修备品材料计划。

g. 工器具、安全用具计划。

h. 机组设备运行分析报告。

i. 检修前机组试验项目。

j. 检修前缺陷统计。

k. 机组检修工艺纪律。

l. 检修项目安全、组织、技术措施。

m. 检修各项考核细则（检修管理、质量、文明生产等考核办法）。

n. 质量监督验收计划。

o. 质量验收申请单、验收单、通知单等。

p. 不符合项通知单。

q. 检修作业工序卡（工艺卡）、工艺规程。

r. 检修文件包及其使用管理规定。

s. 技术监督、锅炉压力容器监督计划。

t. 外包项目计划表。

u. 外包项目安全、质量、技术协议、合同。

v. 检修现场定置管理图。

w. 设备异动申请单。

x. 机组停运时工作票办理规定。

y. 检修用各类现场记录表格。

z. 机组安全经济技术指标。

aa. 机组整体试运行大纲。

2）检修总结阶段文件包括但不限于以下内容：

a. 检修项目进度表（计划与实际比较）。

b. 重大特殊项目的技术措施及施工总结。

c. 改变系统和设备结构的设计资料及图纸。

d. 质量监理报告。

e. 检修技术记录和技术经验专题总结。

f. 检修工时、材料消耗统计资料。

g. 质量监督验收资料。

h. 检修前、后火力发电机组热效率试验报告。

i. 汽（水）轮机检修前、后调速系统特性试验报告。

j. 汽轮机叶片频率试验报告。

k. 重要部件材料和焊接试验、鉴定报告。

l. 各项技术监督的检查、试验报告。

m. 电气、热工仪表及自动装置的调校试验记录。

n. 电气设备试验记录。

o. 启动、调试措施、调试报告。

p. 设备系统异动报告。

q. 各专业检修交代书（冷态验收前）。

r. 冷、热态验收总结评价报告。

参 考 文 献

[1] 贺小明. 发电企业设备点检定修管理 [M]. 北京：中国电力出版社，2010.
[2] 叶进军. 现代企业设备点检定修管理与实践 [M]. 北京：机械工业出版社，2015.
[3] 大唐国际发电股份有限公司. 点检定修理论与实践 [M]. 北京：中国电力出版社，2009.